Klett

10-Minuten-Training

Chemie

Rechnen in Chemie

7.–10. Klasse

Kleine Lernportionen für jeden Tag

Marcel Beyl

Klett Lerntraining

Vorwort

Hallo!

Wie ist das bei dir? Blickst du beim Rechnen in Chemie auch nicht so richtig durch? Und du weißt gar nicht, wie du üben sollst?

Keine Sorge: Du kannst das Rechnen, das du im Chemieunterricht brauchst, mit den Aufgaben in diesem Heft super üben!

Unser Tipp: Lerne nicht alles an einem Tag. Übe lieber jeden Tag **10 Minuten**! Das geht superschnell und du übst trotzdem intensiver als sonst.

In diesem Heft findest du viele Übungen, mit denen du chemisches Rechnen trainieren kannst.

Die kleine Stoppuhr erinnert dich daran: besser kleine Lernportionen!

Tipp Hier bekommst du wichtige Tipps zu den Übungen.

★☆ Leichtere Übungen haben einen Stern ★☆ und etwas schwerere Übungen haben zwei Sterne ★★. Beginne am besten mit den leichteren!

Hinten im Buch findest du die Lösungen zu den Übungen.

Wir wünschen dir viel Erfolg!

Deine Klett Lerntraining Redaktion

Bibliografische Information der Deutschen Nationalbibliothek
Die Deutsche Nationalbibliothek verzeichnet diese Publikation in der Deutschen Nationalbibliografie; detaillierte bibliografische Daten sind im Internet über https://dnb.dnb.de abrufbar.

2. Auflage 2025

www.klett-lerntraining.de

Umschlagfotos: shutterstock, New York (WAYHOME studio); Getty Images München (Spauln)
Satz: tebitron gmbh, Gerlingen
Illustrationen: Dr. Martin Lay, Breisach a. Rh.
Druck: Plump Druck & Medien GmbH, Rheinbreitbach
Printed in Germany
ISBN 978-3-12-927593-1

Inhaltsverzeichnis

1 Periodensystem

Protonenzahl (Ordnungszahl) — 5
Atommasse in u ($u = 1{,}66 \cdot 10^{-27}$ kg) — 10,81
Elektronegativität — 2,0
Elementsymbol — B
Elementname — Bor

$H^{1)}$: Gas
$Br^{1)}$: Flüssigkeit
$Mg^{1)}$: Feststoff

Nichtmetall

Halbmetall

Metall

* Alle Isotope dieses Elements sind radioaktiv.

[ ] Die umklammerten Werte für die Atommasse geben die Massenzahl des Isotops mit der größten Halbwertszeit an.

1) Aggregatzustand bei 25 °C (298,15 K) und 1013,25 hPA

Periode	Hauptgruppe I	Hauptgruppe II	Nebengruppe III	Nebengruppe IV	Nebengruppe V	Nebengruppe VI	Nebengruppe VII
1	**1** 1,0 2,1 **H** Wasserstoff						
2	**3** 6,9 1,0 **Li** Lithium	**4** 9,0 1,5 **Be** Beryllium					
3	**11** 23,0 0,9 **Na** Natrium	**12** 24,3 1,2 **Mg** Magnesium					
4	**19** 39,1 0,8 **K** Kalium	**20** 40,1 1,0 **Ca** Calcium	**21** 45,0 1,3 **Sc** Scandium	**22** 47,9 1,5 **Ti** Titan	**23** 50,9 1,6 **V** Vanadium	**24** 52,0 1,6 **Cr** Chrom	**25** 54,9 1,5 **Mn** Mangan
5	**37** 85,5 0,8 **Rb** Rubidium	**38** 87,6 1,0 **Sr** Strontium	**39** 88,9 1,3 **Y** Yttrium	**40** 91,2 1,4 **Zr** Zirconium	**41** 92,9 1,6 **Nb** Niob	**42** 95,9 1,8 **Mo** Molybdän	**43** [98] 1,9 **Tc*** Technetium
6	**55** 132,9 0,7 **Cs** Cäsium	**56** 137,3 0,9 **Ba** Barium	**57 – 71** **La – Lu** Lanthanoide	**72** 178,5 1,3 **Hf** Hafnium	**73** 180,9 1,5 **Ta** Tantal	**74** 183,8 1,6 **W** Wolfram	**75** 186,2 1,9 **Re** Rhenium
7	**87** [223] 0,7 **Fr*** Francium	**88** [226] 0,9 **Ra*** Radium	**57 – 71** **Ac – Lr** Actiniden	[260] **Rf**	[260] **Db**	[266] **Sg**	[262] **Bh**

Lanthaniden	**57** 138,9 1,1 **La**	**58** 140,1 1,1 **Ce**	**59** 144,2 1,1 **Pr**	**60** 144,2 1,2 **Nd**
Actiniden	**89** [227] 1,1 **Ac**	**90** [232] 1,3 **Th**	**91** [231] 1,5 **Pa**	**92** 238,0 1,7 **U**

Nebengruppe					Hauptgruppe					
VIII			I	II	III	IV	V	VI	VII	VIII
										2 4,0 He Helium
					5 10,8 2,0 B Bor	6 12,0 2,5 C Kohlenstoff	7 14,0 3,0 N Stickstoff	8 16,0 3,5 O Sauerstoff	9 19,0 4,0 F Fluor	10 20,2 Ne Neon
					13 27,0 1,5 Al Aluminium	14 28,1 1,8 Si Silicium	15 31,0 2,1 P Phosphor	16 32,1 2,5 S Schwefel	17 35,5 3,0 Cl Chlor	18 39,9 Ar Argon
26 55,8 1,8 Fe Eisen	27 58,9 1,8 Co Cobalt	28 58,7 1,8 Ni Nickel	29 63,5 1,9 Cu Kupfer	30 65,4 1,6 Zn Zink	31 69,7 1,6 Ga Gallium	32 72,6 1,8 Ge Germanium	33 74,9 2,0 As Arsen	34 79,0 2,4 Se Selen	35 79,9 2,8 Br Brom	36 83,8 Kr Krypton
44 101,1 2,2 Ru Ruthenium	45 102,9 2,2 Rh Rhodium	46 106,4 2,2 Pd Palladium	47 107,9 1,9 Ag Silber	48 112,4 1,7 Cd Cadmium	49 114,8 1,7 In Indium	50 118,7 1,8 Sn Zinn	51 121,8 1,9 Sb Antimon	52 127,6 2,1 Te Tellur	53 126,9 2,5 I Iod	54 131,3 Xe Xenon
76 190,2 2,2 Os Osmium	77 192,2 2,2 Ir Iridium	78 195,1 2,2 Pt Platin	79 197,0 2,4 Au Gold	80 200,6 1,9 Hg Quecksilber	81 204,4 1,8 Tl Thallium	82 207,2 1,8 Pb Blei	83 209,0 1,9 Bi Wismut	84 [209] 2,0 Po* Polonium	85 [210] 2,2 At* Astat	86 [222] Rn* Radon
[265] Hs	[268] Mt	[273] Ds	[272] Rg							

61 [145] Pm	62 150,4 1,2 Sm	63 152,0 Eu	64 157,2 1,1 Gd	65 158,9 1,2 Tb	66 162,5 1,2 Dy	67 164,9 1,2 Ho	68 167,3 1,2 Er	69 168,9 1,2 Tm	70 173,0 1,1 Yb	71 175,0 1,2 Lu
93 [237] 1,3 Np	94 [244] 1,3 Pu	95 [243] 1,3 Am	96 [247] Cm	97 [247] Bk	98 [251] Cf	99 [254] Es	100 [253] Fm	101 [258] Md	102 [256] No	103 [256] Lr

1 Formeln, Größen und chemisches Rechnen

1.1 Unit (u) und Mol (mol)

Tipp

Die Bedeutung von „u"

Die Masse eines einzelnen Kohlenstoffatoms beträgt
0,000 000 000 000 000 000 000 000 019 92 kg = $1{,}992 \cdot 10^{-26}$ kg
= $12 \cdot 1{,}66 \cdot 10^{-27}$ kg.

Die Masse eines einzelnen Wasserstoffatoms beträgt $1{,}66 \cdot 10^{-27}$ kg.

Um diese sehr kleinen Zahlen „handlicher" zu machen, wird die Einheit **Unit** (u) eingeführt. 1 u entspricht dabei $1{,}66 \cdot 10^{-27}$ kg.
Durch die geschickte Wahl des Umrechnungsfaktors erhalten wir folgende Arbeitserleichterung:
Masse eines Kohlenstoffatoms: 12 u
Masse eines Wasserstoffatoms: 1 u

Die Bedeutung von „mol"

Die Masse eines Kohlenstoffatoms beträgt 12 u = $1{,}992 \cdot 10^{-26}$ kg
= $1{,}992 \cdot 10^{-23}$ g.
Wir multiplizieren diese Massengleichung auf beiden Seiten mit $6 \cdot 10^{23}$ und erhalten:

$$1{,}992 \cdot 10^{-23} \cdot 6 \cdot 10^{23}\,\text{g} = 12\,\text{u} \cdot 6 \cdot 10^{23}$$
$$12\,\text{g} = 12\,\text{u} \cdot 6 \cdot 10^{23}$$

Das bedeutet: Etwa $6 \cdot 10^{23}$ Kohlenstoffatome wiegen 12 g.

Auch diese sehr große Zahl wird „handlicher" gemacht, deshalb wird der Begriff der Stoffmenge eingeführt.

Die *Stoffmenge n* gibt die Teilchenzahl einer Stoffportion an, die Einheit dafür ist das **Mol** (mol).

→ **Eine Stoffmenge von 1 mol entspricht $6 \cdot 10^{23}$ Teilchen.**

Tipp

Das heißt: 3 mol eines beliebigen Stoffs entsprechen $3 \cdot 6 \cdot 10^{23}$ Teilchen.

- 1 Kohlenstoffatom wiegt 12 u, $6 \cdot 10^{23}$ Kohlenstoffatome bzw. 1 mol Kohlenstoff wiegen 12 g.
- 2 Kohlenstoffatome wiegen 24 u, 2 mol Kohlenstoff wiegen 24 g.

→ Das, was ein Atom in Unit (u) wiegt, wiegen $6 \cdot 10^{23}$ Atome in Gramm (g).

Element	Masse eines Atoms	Masse von $6 \cdot 10^{23}$ Atomen (1 mol)	Masse von $5 \cdot 6 \cdot 10^{23}$ Atomen	Masse von 5 mol
Kohlenstoff	12 u	12 g	60 g	60 g
Natrium	23 u	23 g	115 g	115 g
Beryllium	9 u	9 g	45 g	45 g

Besonderheit bei sieben Elementen

Es gibt sieben Elemente, die nie als einzelnes Atom vorliegen. Es handelt sich um die Elemente *Wasserstoff, Stickstoff, Sauerstoff, Fluor, Chlor, Brom* und *Iod*.

Liegt z. B. der Stoff „Wasserstoff" vor, sind dort immer zwei Wasserstoffatome zu einem Molekül verbunden. Bei Stickstoff, Sauerstoff, Fluor, Chlor, Brom und Iod ist das auch so. Geschrieben wird das: H_2, N_2, O_2, F_2, Cl_2, Br_2, I_2.

Ist von 1 mol Sauerstoff die Rede, sind damit $6 \cdot 10^{23}$ Sauerstoff-Moleküle gemeint. Ein einzelnes Sauerstoffatom wiegt 16 u, ein Sauerstoff-Molekül wiegt 32 u, 1 mol Sauerstoff wiegt also 32 g.

Element	Masse eines Atoms	Masse von 1 mol	Masse von 5 mol
Fluor	19 u	38 g	190 g
Wasserstoff	1 u	2 g	10 g
Stickstoff	14 u	28 g	140 g

1 Formeln, Größen und chemisches Rechnen

1 ★☆

1 Schwefelatom wiegt 32 u. Gib die Masse an von …

a) 4 Schwefelatomen ______________________

b) 1 mol Schwefel ______________________

e) 4 mol Schwefel ______________________

d) $6 \cdot 10^{23}$ Schwefelatomen ______________________

e) $2 \cdot 6 \cdot 10^{23}$ Schwefelatomen ______________________

f) $18 \cdot 10^{23}$ Schwefelatomen ______________________

2 ★☆

2 mol Phosphor wiegen 62 g. Gib die Masse an von…

a) 1 Phosphoratom ______________________

b) 1 mol Phosphor ______________________

c) 4 mol Phosphor ______________________

d) $6 \cdot 10^{23}$ Phosphoratomen ______________________

e) $2 \cdot 6 \cdot 10^{23}$ Phosphoratomen ______________________

f) $18 \cdot 10^{23}$ Phosphoratomen ______________________

3 ★☆

7 mol Helium wiegen 28 g. Gib die Masse an von …

a) 1 Heliumatom ______________________

b) 1 mol Helium ______________________

c) 5 mol Helium ______________________

d) $6 \cdot 10^{23}$ Heliumatomen ______________________

e) $4 \cdot 6 \cdot 10^{23}$ Heliumatomen ______________________

f) $12 \cdot 10^{23}$ Heliumatomen ______________________

4 ★☆

Vervollständige die Tabelle.

Element	Masse eines Atoms	Masse von $6 \cdot 10^{23}$ Atomen (1 mol)	Masse von $3 \cdot 6 \cdot 10^{23}$ Atomen	Masse von 8 mol
Scandium		45 g		
Holmium				1320 g
Gold	197 u			
Selen			237 g	

5 ★☆

Vervollständige die Tabelle.

Element	Masse eines Atoms	Masse von 1 mol	Masse von 8 mol
Chlor		71 g	
Brom			1278,4 g
Iod	126,9 u		

1.2 Molare Masse

Tipp

1 mol Helium wiegen 4 g.
Sprechweise: Helium hat die molare Masse $M = 4\,\frac{g}{mol}$.

Der Bruchstrich bedeutet „pro“. Helium hat also die molare Masse „4 Gramm pro Mol“. Jedes Mol Helium wiegt 4 g.
Folglich wiegen 2 mol Helium 8 g. 7 mol Helium wiegen 28 g und so weiter.

Die molare Masse *M* gibt die Masse einer Stoffportion pro Stoffmenge an, die Einheit lautet $\frac{g}{mol}$.

Die molare Masse einer Verbindung berechnet sich durch die Summe der molaren Massen der beteiligten Elemente.

Beispiel Kohlenstoff:

Molare Masse von Kohlenstoffdisulfid: Die Summenformel von Schwefel ist CS_2.
Molare Masse von Kohlenstoff: $M(C) = 12\,\frac{g}{mol}$,
molare Masse von Schwefel: $M(S) = 32{,}1\,\frac{g}{mol}$.
Somit hat Kohlenstoffdisulfid eine molare Masse von

$$
\begin{aligned}
M(CS_2) = M(C) + M(S) + M(S) &= M(C) + 2 \cdot M(S) \\
&= 12\,\frac{g}{mol} + 2 \cdot 32{,}1\,\frac{g}{mol} \\
&= 76{,}2\,\frac{g}{mol}.
\end{aligned}
$$

6 ★☆ Gegeben sind folgende Atommassen:
m(Natriumatom) = 23 u, m(Stickstoffatom) = 14 u,
m(Phosphoratom) = 31 u, m(Iodatom) = 126,9 u,
m(Schwefelatom) = 32,1 u, m(Bromatom) = 79,9 u.

Gib jeweils die molare Masse an.

a) Natrium ____________________

b) Stickstoff ____________________

c) Phosphor ____________________

d) Iod ____________________

e) Schwefel ____________________

f) Brom ____________________

7 ★☆ Gegeben sind folgende molare Massen:

$M(\text{Si}) = 28{,}1\,\frac{\text{g}}{\text{mol}}$, $M(\text{S}) = 32{,}1\,\frac{\text{g}}{\text{mol}}$, $M(\text{C}) = 12\,\frac{\text{g}}{\text{mol}}$.

Berechne die molare Masse von …

a) Siliciumcarbid (SiC). ____________________

b) Siliciumdisulfid (SiS_2). ____________________

8 ★☆ Gegeben sind die Massen folgender Atome:
m(Kohlenstoffatom) = 12 u,
m(Sauerstoffatom) = 16 u,
m(Wasserstoffatom) = 1 u.

Berechne die molare Masse von

a) Methan (CH_4). ____________________

b) Ethan (C_2H_6). ____________________

c) Ethanol (C_2H_5OH). ____________________

1.3 Informationen aus dem Periodensystem

Tipp

Elementarteilchen

Die kleinsten Teilchen, die im Chemieunterricht betrachtet werden, heißen **Elektronen** (e^-), **Protonen** (p^+) und **Neutronen** (n^0). Zusammen werden sie „Elementarteilchen" genannt.

Name	Abkürzung	Ladung	Masse
Proton	p^+	+	≈ 1 u
Elektron	e^-	–	≈ 0 u
Neutron	n^0	0	≈ 1 u

Ein Atom ist ein Zusammenschluss von Protonen, Neutronen und Elektronen. Der Unterschied zwischen einzelnen Atomsorten liegt lediglich in der Anzahl der verschiedenen Elementarteilchen.

Beispiel:
Kommen in einem Atom neun Protonen, neun Elektronen und zehn Neutronen vor, so handelt es sich um ein Fluoratom. Sind es hingegen acht Protonen, acht Elektronen und acht Neutronen, so handelt es sich um ein Sauerstoffatom.

Informationen zu den Elementen

Das Periodensystem (PSE) findest du auf S. 4

Die **Ordnungszahl** steht im **Periodensystem** links oben im Feld eines Elements. Sie gibt die *Anzahl an Protonen* an.
Die *Anzahl der Protonen* entspricht der *Anzahl an Elektronen*, da Atome immer neutral geladen sind.
Die *Anzahl an Neutronen* ergibt sich, wenn du die Ordnungszahl von der mittleren Atommasse abziehst. Die Zahl der Atommasse findest du rechts oben im Feld. Die Zahl der Atommasse (in unit) entspricht der Zahl der molaren Masse $\left(\text{in } \frac{\text{g}}{\text{mol}}\right)$.
Die *Anzahl an Außenelektronen* (auch Valenzelektronen genannt) entspricht der Nummer der Hauptgruppe (Spalte im PSE). Die Periode (Zeile im PSE) entspricht der Anzahl an Schalen in der Hülle des Atoms, in denen die Elektronen sind.

Tipp

Beispiel: Phosphor

- Elementsymbol P,
- Ordnungszahl **15**, also **15** p^+ und **15** e^- im P-Atom.
- 15 p^+ ergeben eine Masse von ungefähr 15 u. Um auf die mittlere Atommasse von **31** u zu kommen, fehlen 16 u, also enthält ein Phosphoratom 16 n^0.
- Molare Masse: $M(\text{P}) = \mathbf{31}\ \frac{\text{g}}{\text{mol}}$
- Da Phosphor in der V. Hauptgruppe steht, besitzt ein P-Atom fünf Außenelektronen.

Isotope

Oft stehen bei den *mittleren Atommassen* Kommazahlen. Das liegt daran, dass bei einer Atomsorte unterschiedlich viele Neutronen vorkommen können. Man spricht von „Isotopen“.

Beispiel:
Etwa 75 % der Chloratome haben eine Masse von 35 u und etwa 25 % haben eine Masse von 37 u.
Die mittlere Atommasse beträgt also: $0{,}75 \cdot 35\,\text{u} + 0{,}25 \cdot 37\,\text{u} = 35{,}5\,\text{u}$.

9 ★☆ Gib bei den folgenden Atomen an, wie viele Elektronen, Protonen und Neutronen enthalten sind.

a) Natrium b) Wasserstoff c) Sauerstoff
d) Stickstoff e) Fluor f) Helium
g) Aluminium h) Selen

Hinweis: Die Anzahl der Protonen, Neutronen und Elektronen muss immer ganzzahlig sein.

10 ★☆ Gib die Ordnungszahl folgender Elemente an.

a) Beryllium b) Silicium
c) Chlor d) Brom

Um die Aufgaben zu lösen, arbeite mit dem PSE auf S. 4.

11 ★☆ Gib die molare Masse folgender Elemente an.

a) Schwefel b) Kohlenstoff c) Neon d) Lithium

12 ★☆ Gib an, wie viele Außenelektronen (Valenzelektronen) die Atome besitzen.

a) Iod b) Fluor c) Chlor d) Kohlenstoff
e) Sauerstoff f) Wasserstoff g) Neon h) Natrium
i) Kalium j) Calcium k) Aluminium l) Magnesium

13 ★☆ Die molare Masse mancher Elemente ist nicht ganzzahlig.

a) Erkläre, woran das liegt.

b) Obwohl die molare Masse von Germanium 72,6 $\frac{g}{mol}$ beträgt, gibt es kein Germaniumatom, das 72,6 u wiegt. Begründe.

14 ★☆ Finde jeweils das dazugehörige Atom.

a) Das Atom hat drei Valenzelektronen und wiegt weniger als 15 u.

b) Das Atom hat fünf Außenelektronen und gleich viele Protonen wie Neutronen.

c) Das Atom enthält 16 Elektronen.

d) Die molare Masse dieses Atoms beträgt 19 $\frac{g}{mol}$.

15 ★☆ Gib alle Atome an, für die gilt:

a) Sie haben ein Außenelektron.

b) Sie haben fünf Protonen.

c) Sie haben mehr Protonen als Elektronen.

16 ★☆ Welche Informationen über die Atomhülle kann man einem Element, das in der 3. Periode und der II. Hauptgruppe steht, entnehmen?

17 ★★

a) Wodurch unterscheiden sich Isotope und welche Gemeinsamkeiten haben sie? Nenne ein Beispiel.

b) Natürlich vorkommende Isotope des Magnesiums sind ^{24}Mg (zu 78,7 %), ^{25}Mg (zu 10,1 %) und ^{26}Mg (zu 11,2 %). Berechne die mittlere Atommasse.

1.4 Formel $n = \frac{m}{M}$

Tipp

Wir kennen die Größen „Masse", „Stoffmenge" und „molare Masse".
Wenn wir zwei dieser Größen kennen, können wir daraus die dritte berechnen.

Es gilt: $n = \frac{m}{M} \quad \Leftrightarrow \quad m = n \cdot M \quad \Leftrightarrow \quad M = \frac{m}{n}$

Beispiele:

- 3 mol Natrium wiegen 69 g. Gesucht: molare Masse von Natrium
  Lösung: $M = \frac{69\,g}{3\,mol} = 23\,\frac{g}{mol}$
- 54 g Aluminium liegen vor. $M(Al) = 27\,\frac{g}{mol}$. Gesucht: Stoffmenge
  Lösung: $n = \frac{54\,g}{27\,\frac{g}{mol}} = 2\,mol$

Beispiele:

Element	*m* (Masse)	*M* (Molare Masse)	*n* (Stoffmenge)
Kohlenstoff	$m = n \cdot M = 12\,\frac{g}{mol} \cdot 5\,mol = 60\,g$	$12\,\frac{g}{mol}$	5 mol
Aluminium	243 g	$M = \frac{m}{n} = \frac{243\,g}{9\,mol} = 27\,\frac{g}{mol}$	9 mol
Beryllium	90 g	$9\,\frac{g}{mol}$	$n = \frac{m}{M} = \frac{90\,g}{9\,\frac{g}{mol}} = 10\,mol$

Achtung: Ist nach der molaren Masse von Wasserstoff gefragt, ist stets das Wasserstoff-Molekül gemeint. Die molare Masse von Wasserstoff beträgt also: $M(H_2) = 2 \cdot 1\,\frac{g}{mol} = 2\,\frac{g}{mol}$.

Tipp

Beispiele für Elemente, die als Molekül vorkommen. Dies gilt für diese sieben Elemente: Wasserstoff, Stickstoff, Sauerstoff, Fluor, Chlor, Brom und Iod.

Element	m	M	n
Sauerstoff	$m = n \cdot M$ $= 32\,\frac{g}{mol} \cdot 4\,mol$ $= 128\,g$	$32\,\frac{g}{mol}$	4 mol
Chlor	142 g	$M = \frac{m}{n}$ $= \frac{142\,g}{2\,mol} = 71\,\frac{g}{mol}$	2 mol
Stickstoff	196 g	$28\,\frac{g}{mol}$	$n = \frac{m}{M}$ $= \frac{196\,g}{28\,\frac{g}{mol}} = 7\,mol$

18 ★★

a) Vervollständige die Tabelle. Verwende dazu das PSE auf S. 4.

Verbindung	M (Molare Masse)
Chlorwasserstoff (HCl)	
Schwefeldioxid (SO_2)	
Schwefeltrioxid (SO_3)	
Wasser (H_2O)	
Wasserstoffperoxid (H_2O_2)	

Mehr zur molaren Masse von Atomen findest du in Kapitel 1.2.

b) 1 mol einer unbekannten Verbindung hat eine Masse von 36,5 g. Finde mit der Tabelle heraus, um welche Verbindung es sich handelt.

c) 3 mol einer unbekannten Verbindung haben eine Masse von 102 g. Finde mit der Tabelle heraus, um welche Verbindung es sich handelt.

d) Welche Masse haben 2 mol Schwefeldioxid?

e) In einem Ballon befinden sich 220 g Kohlenstoffdioxid (CO_2). Berechne die dazugehörige Stoffmenge.

19 ★☆ Die molare Masse von Schwefel beträgt 32 $\frac{g}{mol}$.
Berechne mithilfe der Formel ...

a) die Masse von 4 mol Schwefel.

b) die Stoffmenge von 50 g Schwefel.

c) die Anzahl der Teilchen in 75 g Schwefel.

20 ★★ Ein Eisennagel wiegt 20 g. Die molare Masse von Eisen beträgt 55,8 $\frac{g}{mol}$.
Wie viele Eisenatome sind in dem Eisennagel enthalten?

21 ★☆ 13 mol Aluminium wiegen 351 g.
Berechne die molare Masse von Aluminium.

22 ★☆ Vervollständige die Tabelle.

Element	*m* (Masse)	*M* (Molare Masse)	*n* (Stoffmenge)
Chrom		52 $\frac{g}{mol}$	12,5 mol
Bor	97,2 g		9 mol
Bismut	40 g	209 $\frac{g}{mol}$	

23 ★☆ Vervollständige die Tabelle.

Element	*m*	*M*	*n*
Fluor		38 $\frac{g}{mol}$	3 mol
Brom	1598 g		10 mol
Iod	1522,8 g	253,8 $\frac{g}{mol}$	

1.5 Molares Volumen und die Formel $V_m = \frac{V}{n}$

Tipp

Jedes Gas benötigt bei gleicher Temperatur pro Volumen (näherungsweise) gleich viel Platz. Das heißt: 1 mol Sauerstoffgas benötigt bei 25 °C gleich viel Platz wie 1 mol Wasserstoffgas, obwohl Sauerstoff-Moleküle viel größer sind als Wasserstoff-Moleküle.
Da bei Gasen zwischen den einzelnen Teilchen sehr große Lücken sind, fällt die Größe der einzelnen Teilchen kaum ins Gewicht, so dass gilt:

Das molare Volumen gibt an, wie viel Platz pro Stoffmenge benötigt wird.

Formuliert wurde diese Regel von Avogadro.

Bei einem Druck von 1013 hPa gilt 1:
Bei 0 °C benötigt 1 mol Gas etwa 22,4 L.
Bei 25 °C benötigt 1 mol Gas etwa 24 L.

Es gilt bei *Standard*bedingungen (25 °C, 1013 hPa): $V_m = 24\,\frac{\text{L}}{\text{mol}}$.

Es gilt bei *Norm*bedingungen (0 °C, 1013 hPa): $V_m = 22{,}4\,\frac{\text{L}}{\text{mol}}$.

Je größer die Temperatur, desto mehr Platz wird vom Gas benötigt, da sich die einzelnen Teilchen schneller bewegen.

Die Formel $V_m = \frac{V}{n}$

2 mol Bromgas benötigen bei Standardbedingungen doppelt so viel Platz wie 1 mol Bromgas. Es werden also $2\,\text{mol} \cdot 24\,\frac{\text{L}}{\text{mol}} = 48\,\text{L}$ benötigt.
Dies lässt sich mit einer Formel ausdrücken:

$$V_m = \frac{V}{n} \quad \Leftrightarrow \quad V = V_m \cdot n \quad \Leftrightarrow \quad n = \frac{V}{V_m}$$

Achtung: Die Formel lässt sich nur bei Gasen anwenden.

Beispiele:
Welches Volumen wird von 3 mol Sauerstoffgas bei Standardbedingungen eingenommen?

$$V = V_m \cdot n = 24\,\frac{\text{L}}{\text{mol}} \cdot 3\,\text{mol} = 72\,\text{L}$$

Wie groß ist die Anzahl der Teilchen, die in 90 L Gas bei 25 °C vorkommen?

$$n = \frac{V}{V_m} = \frac{90\,\text{L}}{24\,\frac{\text{L}}{\text{mol}}} = 3{,}75\,\text{mol} = 3{,}75 \cdot 6 \cdot 10^{23}\ \text{Teilchen}$$

Tipp

Gas	V_m bei 25 °C	n	V
Chlor	$24\ \frac{L}{mol}$	5 mol	$24\ \frac{L}{mol} \cdot 5\ mol = 120\ L$
Fluor	$24\ \frac{L}{mol}$	$\frac{180\ L}{24\ \frac{L}{mol}} = 7{,}5\ mol$	180 L
Helium	$\frac{12\ L}{0{,}5\ mol} = 24\ \frac{L}{mol}$	0,5 mol	12 L

24 ★☆ Welches Volumen nehmen 4 mol Sauerstoffgas bei Standardbedingungen ein? Berechne.

25 ★☆ Ein 40 L-Gefäß ist bei Standardbedingungen mit Neongas befüllt. Gib an, wie viele Neonatome vorhanden sind.

26 ★☆ Vervollständige die Tabelle.

Element	V_m	n	V
Brom	$24\ \frac{L}{mol}$	7 mol	
Iod	$26\ \frac{L}{mol}$		130 L
Argon		0,75 mol	12 L

27 ★★ Ein Gefäß mit einem Volumen von $10\ m^3$ bei einem Druck von 1013 hPa ist ausschließlich mit Gas befüllt. Berechne, wie viele Gasteilchen in diesem Gefäß sind. Verwende Standardbedingungen.
Hinweis: 1000 Liter ≙ $1\ m^3$, 1 Liter ≙ $1\ dm^3$, 0,001 Liter ≙ $1\ cm^3$

28 ★★
a) Erkläre: Warum ist bei 25 °C das molare Volumen größer als bei 20 °C?

b) Ist das molare Volumen bei 30 °C oder bei 40 °C höher? Begründe.

c) Benötigt ein Gas bei 100 °C oder bei 20 °C mehr Platz? Begründe.

1.6 Stoffmengenkonzentration und die Formel $c = \frac{n}{V}$

Tipp

Die Konzentration oder ausführlicher „Stoffmengenkonzentration“ gibt an, wie viele Teilchen eines Stoffes in einer (meist wässrigen) Lösung vorliegen.
Es handelt sich also um eine Größe, bei der sich die Anzahl an Teilchen auf ein Volumen (das Volumen der Flüssigkeit) bezieht. Die Einheit der Stoffmengenkonzentration lautet daher: $\frac{\text{mol}}{\text{L}}$. Der Formelbuchstabe lautet *c* für engl. *concentration*.

Es gilt $c = \frac{n}{V} \Leftrightarrow V = \frac{n}{c}$

Beispiel:
4 mol Chlorwasserstoff werden in 10 L Wasser gegeben.
Die Konzentration der entstehenden Salzsäurelösung berechnet sich nach:

$$c = \frac{n}{V} = \frac{4\,\text{mol}}{10\,\text{L}} = 0{,}4\,\frac{\text{mol}}{\text{L}}$$

Wird Chlorwasserstoff in Wasser gelöst, so entsteht Salzsäure.

Schreibweise
Die *Konzentration* und die *Stoffmenge* beziehen sich auf den ungelösten Ausgangsstoff (hier Chlorwasserstoff). Das *Volumen* bezieht sich auf die *entstandene Lösung*.

Es gilt also für obiges Beispiel:
$n(\text{HCl}) = 4\,\text{mol}$,
$c(\text{HCl}) = 0{,}4\,\frac{\text{mol}}{\text{L}}$,
$V(\text{„Salzsäure“}) = 10\,\text{L}$

Tipp

Weitere Beispiele:

c (Konzentration)	n (Stoffmenge)	V (Volumen)
$2\,\frac{\text{mol}}{\text{L}}$	$2\,\frac{\text{mol}}{\text{L}} \cdot 0{,}15\,\text{L} = 0{,}3\,\text{mol}$	0,15 L
$\frac{1{,}5\,\text{mol}}{4{,}5\,\text{L}} = 0{,}33\,\frac{\text{mol}}{\text{L}}$	1,5 mol	4,5 L
$0{,}1\,\frac{\text{mol}}{\text{L}}$	0,025 mol	$\frac{0{,}025\,\text{mol}}{0{,}1\,\text{L}} = 0{,}25\,\text{L}$

- 5 mol NaOH werden in 1 L Wasser gelöst. Dann liegt eine Konzentration von $5\,\frac{\text{mol}}{\text{L}}$ vor.
  Denn es gilt:
  $n(\text{NaOH}) = 5\,\text{mol},\ V(\text{Natronlauge}) = 1\,\text{L} \quad \Rightarrow \quad c(\text{NaOH}) = 5\,\frac{\text{mol}}{\text{L}}$.
- Es werden 2 mol NaOH in 0,5 Liter Wasser gelöst. Dann liegt eine Konzentration von $4\,\frac{\text{mol}}{\text{L}}$ vor.
  Denn es gilt:
  $n(\text{NaOH}) = 2\,\text{mol},\ V(\text{Natronlauge}) = 0{,}5\,\text{L} \quad \Rightarrow \quad c(\text{NaOH}) = \frac{2\,\text{mol}}{0{,}5\,\text{L}} = 4\,\frac{\text{mol}}{\text{L}}$

Beispiel in Kombination mit Massen:

10 g NaOH werden in 1 L Wasser gelöst.

1. Berechnen der Stoffmenge:

$$n = \frac{m}{M} = \frac{10\,\text{g}}{23\,\frac{\text{g}}{\text{mol}} + 16\,\frac{\text{g}}{\text{mol}} + 1\,\frac{\text{g}}{\text{mol}}} = \frac{10\,\text{g}}{40\,\frac{\text{g}}{\text{mol}}} = 0{,}25\,\text{mol}$$

2. Berechnen der Konzentration:

$$c = \frac{n}{V} = \frac{0{,}25\,\text{mol}}{1\,\text{L}} = 0{,}25\,\frac{\text{mol}}{\text{L}}$$

29 ★☆ In 4 L Wasser werden 3 mol eines löslichen Stoffs gegeben. Berechne die Stoffmengenkonzentration der Lösung.

30 ★☆ Die Stoffmengenkonzentration einer Lösung beträgt $1{,}75\,\frac{\text{mol}}{\text{L}}$.

a) Wie viele Teilchen befinden sich in 3 L der Lösung?

b) Welches Volumen der Lösung wird benötigt, um darin 2 mol des gelösten Stoffs zu erhalten?

31 ★☆ Vervollständige die Tabelle.

c (Konzentration)	*n* (Stoffmenge)	*V* (Volumen)
$2\,\frac{\text{mol}}{\text{L}}$		0,15 L
	1,5 mol	4,5 L
$0{,}1\,\frac{\text{mol}}{\text{L}}$	0,025 mol	

32 ★☆ Eine bereits hergestellte Natronlauge hat eine Konzentration von $c(\text{NaOH}) = 3\,\frac{\text{mol}}{\text{L}}$.

Mehr zur Ermittlung der molaren Masse findest du in Kapitel 1.2 und 1.3.

a) Welche Stoffmenge an NaOH liegt in einem Liter Lösung vor?

b) Welche Stoffmenge an NaOH liegt in 5 L Lösung vor?

c) Mit welchem Volumen an Wasser müssen 10 mol NaOH gelöst werden, damit sich diese Konzentration ergibt?

d) Welche Masse an NaOH muss in 7 L Wasser gelöst werden, um diese Konzentration zu erhalten?

33 ★★ Eine Salzsäurelösung hat eine Konzentration von $c(HCl) = 6\,\frac{mol}{L}$.

a) Berechne die Masse an HCl, die dafür in einen Behälter mit 5 L Wasser eingeleitet wurde.

b) Welche Stoffmenge an HCl liegt in 10 L Lösung vor?

34 ★★ 30 mL Natronlauge mit der Konzentration $c = 1\,\frac{mol}{L}$ soll aus Natriumhydroxid hergestellt werden.
Berechne die Masse des dafür notwendigen Natriumhydroxids.

35 ★★ 0,75 L Kalkwasser ($Ca(OH)_{2\,(aq)}$) mit der Konzentration $c = 0{,}2\,\frac{mol}{L}$ soll aus festem Calciumhydroxid hergestellt werden.
Berechne die Masse des dafür notwendigen Calciumhydroxids.

36 ★★ In 300 mL Natronlauge sind insgesamt 4 mol Natriumhydroxid gelöst.
Berechne die Konzentration der Lösung.

37 ★★ In 200 mL Kochsalzlösung sind insgesamt 230 g Natriumchlorid gelöst.
Berechne die Konzentration der Lösung.

38 ★★ Es soll eine Kochsalzlösung mit der Konzentration $c = 0{,}1\,\frac{mol}{L}$ hergestellt werden.
Berechne, in wie viel Liter Wasser dazu 58,5 g Kochsalz gelöst werden müssen.

1.7 Titration und Neutralisation

Tipp

Die Neutralisation

Liegen in einer Lösung gleich viele H_3O^+- (Oxonium-)Ionen wie OH^-- (Hydroxid-) Ionen vor, so ist die Lösung neutral, hat also einen pH-Wert von 7.
Um eine saure Lösung zu neutralisieren, wird eine alkalische Lösung zugegeben und umgekehrt.

Beispiel:
Eine Salzsäurelösung wird durch Zugabe von Natronlauge neutralisiert.

Reaktionsgleichung: $H_3O^+ + Cl^- + Na^+ + OH^- \longrightarrow 2\,H_2O + Na^+ + Cl^-$
abgekürzt: $HCl_{(aq)} + NaOH_{(aq)} \longrightarrow NaCl_{(aq)} + H_2O$

Hinweis: Das tiefgestellte aq bedeutet, dass der Stoff in Wasser gelöst vorliegt.

→ **Bei einer Neutralisationsreaktion reagieren Oxonium-Ionen mit Hydroxid-Ionen zu Wasser-Molekülen.**

Die Titration

Liegt eine Lösung unbekannter Stoffmengenkonzentration vor und soll diese ermittelt werden, kann man sie mithilfe der Titration bestimmen.

Beispiel:
- Eine Salzsäurelösung unbekannter Konzentration c(HCl) liegt vor. Von der Salzsäurelösung wird ein genau abgemessenes Volumen entnommen (→ V(Salzsäure) ist bekannt).
- Eine alkalische Lösung (z. B. Natronlauge) bekannter Konzentration c(NaOH) wird langsam hinzugetropft.
- Nun wird mithilfe eines Indikators untersucht, welches Volumen V(Natronlauge) der Natronlauge benötigt wird, um das entnommene Volumen der Salzsäurelösung zu neutralisieren.

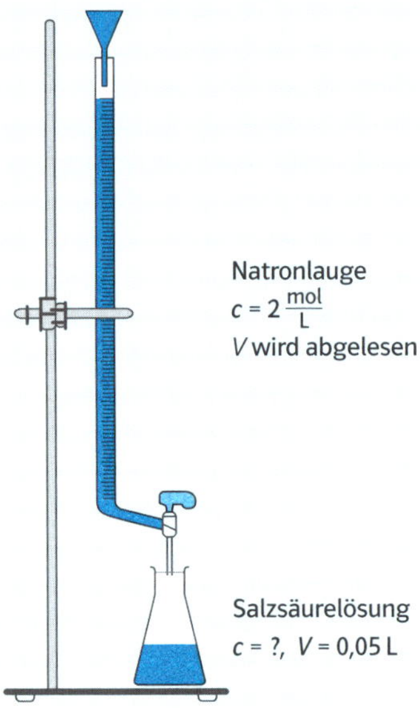

Titrationsapparatur

Tipp

- Zum Zeitpunkt der Neutralisation der Salzsäure durch die Natronlauge wurden gleich viele OH^--Ionen hinzugegeben, wie zu Beginn H_3O^+-Ionen vorlagen.
  Man spricht vom **Äquivalenzpunkt**. Dort gilt also:
  n(zu Beginn vorhandene H_3O^+-Ionen) = n(zugegebene OH^--Ionen)
  oder auch $n(NaOH) = n(HCl)$.
  Ist die Stoffmenge der Natronlauge bekannt, kennst du also auch die Stoffmenge der Salzsäure.
- Mit bekannter Stoffmenge $n(HCl)$ und bekanntem Volumen V(Salzsäure) wird die Konzentration $c(HCl)$ berechnet.

Rechenbeispiel:
Um 50 mL einer Salzsäure unbekannter Konzentration zu neutralisieren, werden 20 mL Natronlauge der Konzentration $2\,\frac{mol}{L}$ benötigt.
Berechne die Stoffmengenkonzentration der Salzsäure.

Reaktionsgleichung:	$H_3O^+ + Cl^-$	$+ Na^+ + OH^-$	$\longrightarrow$	$2\,H_2O + Na^+ + Cl^-$
oder abgekürzt:	$1\,HCl_{(aq)}$	$+ 1\,NaOH_{(aq)}$	$\longrightarrow$	$NaCl_{(aq)} + H_2O$
noch weiter abgekürzt:	$1\,HCl$	$+ 1\,NaOH$	$\longrightarrow$	$NaCl + H_2O$
„Zahlen vor HCl und NaOH"	1	1		
(Stoffmengenverhältnis)	1 :	1		

Aus der Reaktionsgleichung lässt sich ablesen: $n(HCl) = n(NaOH)$, denn:
Die Zahlen vor HCl und NaOH sind gleich (beide Male „1", d.h. das Stoffmengenverhältnis beträgt 1:1). Die Stoffmenge der Natronlauge entspricht also der Stoffmenge der Salzsäure.
Du berechnest zunächst die Stoffmenge der Natronlauge:

$$n(\text{Natronlauge}) = c \cdot V = 2\,\frac{mol}{L} \cdot 0{,}02\,L = 0{,}04\,mol$$

Damit kennst du auch die Stoffmenge der Salzsäure und kannst deren Konzentration berechnen.

$$n(HCl) = 0{,}04\,mol \quad \Rightarrow \quad c(HCl) = \frac{0{,}04\,mol}{0{,}05\,L} = 0{,}8\,\frac{mol}{L}$$

39 ★☆ Natronlauge mit der Konzentration $c = 2\,\frac{mol}{L}$ soll mit Salzsäure der Konzentration $c = 3\,\frac{mol}{L}$ neutralisiert werden.

a) Formuliere die Reaktionsgleichung der Neutralisation.

b) Es liegen zwei Liter der Natronlauge vor. Wie viel der Salzsäure muss zugegeben werden, damit die Lösung neutral ist?

c) Wie viel Natronlauge muss zu 7 L Salzsäure gegeben werden, um diese zu neutralisieren?

d) Statt der Salzsäure mit der Konzentration $c = 3\,\frac{mol}{L}$ wird nun eine Salzsäure mit $c(HCl) = 5\,\frac{mol}{L}$ verwendet. Wie viel Salzsäure muss zu 4 L Natronlauge gegeben werden, um diese zu neutralisieren?

40 ★☆ Natronlauge mit der Konzentration $c = 3\,\frac{mol}{L}$ soll durch Zugabe von Salzsäure mit $c = 6\,\frac{mol}{L}$ neutralisiert werden.

a) Formuliere die Reaktionsgleichung der Neutralisation.

b) Es liegen zwei Liter der Natronlauge vor. Wie viel der Salzsäure muss zugegeben werden, damit die Lösung neutral ist?

41 ★☆ Fünf Liter einer Salzsäurelösung mit $c(HCl) = 2\,\frac{mol}{L}$ konnten mit einer Natronlauge unbekannter Konzentration neutralisiert werden. Dazu waren zehn Liter Natronlauge nötig. Welche Konzentration hat die Natronlauge?

42 ★☆ Acht Liter einer Salzsäurelösung mit $c(HCl) = 2\,\frac{mol}{L}$ konnten mit einer Natronlauge unbekannter Konzentration neutralisiert werden. Dazu waren zehn Liter Natronlauge nötig. Welche Konzentration hat die Natronlauge?

43 ★☆ Vier Liter einer Salzsäurelösung mit $c(HCl) = 3\,\frac{mol}{L}$ konnten mit einer Natronlauge unbekannter Konzentration neutralisiert werden. Dazu waren zehn Liter Natronlauge nötig. Welche Konzentration hat die Natronlauge?

44 ★★ Zur Bestimmung der Konzentration von Natronlauge werden 5 mL Natronlauge mit Salzsäure der Konzentration $c = 2\,\frac{mol}{L}$ titriert. Insgesamt sind 12,5 mL Salzsäure notwendig, um die Natronlauge zu neutralisieren.

a) Formuliere die Reaktionsgleichung der Neutralisation.

b) Berechne die Konzentration der Natronlauge.

45 ★★ Zur Bestimmung der Konzentration von Kalilauge (gelöstes Kaliumhydroxid) werden 7 mL Kalilauge mit Salzsäure der Konzentration $c = 0{,}5\,\frac{mol}{L}$ titriert. Insgesamt sind 14 mL Salzsäure notwendig, um die Kalilauge zu neutralisieren.

a) Formuliere die Reaktionsgleichung der Neutralisation.

b) Berechne die Konzentration der Kalilauge.

46 ★★ Zur Bestimmung der Konzentration von Flusssäure (Fluorwasserstoff, der mit Wasser reagiert hat) werden 8 mL Flusssäure mit Natronlauge der Konzentration $c = 2{,}4\,\frac{mol}{L}$ titriert. Insgesamt sind 5,1 mL Natronlauge notwendig, um die Flusssäure zu neutralisieren.

a) Formuliere die Reaktionsgleichung der Neutralisation.

b) Berechne die Konzentration der Flusssäure.

47 ★★ Zur Bestimmung der Konzentration von Kalkwasser (gelöstes Calciumhydroxid) werden 10 mL Kalkwasser mit Salzsäure der Konzentration $c = 3\,\frac{mol}{L}$ titriert. Insgesamt sind 12,5 mL Salzsäure notwendig, um das Kalkwasser zu neutralisieren.

a) Formuliere die Reaktionsgleichung der Neutralisation.

b) Berechne die Konzentration des Kalkwassers.

1.8 Dichte

Tipp

Ein Liter Wasser ist schwerer als ein Liter Öl. Man sagt: Öl hat eine geringere Dichte als Wasser, da die Masse von Öl bei gleichem Volumen kleiner ist. Der Formelbuchstabe für die Dichte ist ϱ (griech. Buchstabe *rho*).

Berechnung: $\varrho = \frac{m}{V}$ (Dichte = Masse geteilt durch Volumen)

Einheit

- bei Feststoffen und Flüssigkeiten meist $\frac{g}{cm^3}$ oder $\frac{kg}{m^3}$
- bei Gasen meist $\frac{g}{mL}$ oder $\frac{g}{L}$
- Hinweise zur Umrechnung:
  1 L = 1000 mL = 1 dm^3; 1 mL = 1 cm^3;
  1 m^3 = 1000 dm^3 = 1 000 000 cm^3; 1 kg = 1000 g

Die Dichte wird üblicherweise bezogen auf eine Temperatur von 20 °C und einen Druck von 1013 hPa.

Beispiel 1:
Öl und Wasser sind nicht ineinander löslich. Wenn du in ein Glas Öl und Wasser schüttest, wird sich Öl eher oben und Wasser eher unten im Glas absetzen, da Öl die geringere Dichte hat.

Beispiel 2: Dichteberechnung
1 cm^3 eines Stoffes wiegt 5 g. Gib die Dichte des Stoffes in den Einheiten $\frac{g}{cm^3}$, $\frac{kg}{m^3}$, $\frac{g}{mL}$ und $\frac{g}{L}$ an.

Lösung:

$$\varrho = \frac{m}{V} = \frac{5\,g}{1\,cm^3} = 5\,\frac{g}{cm^3}$$

Umrechnung in $\frac{kg}{cm^3}$: 5 g entsprechen 0,005 kg. 1 cm^3 entspricht 0,000001 m^3.

Also gilt: $\varrho = \frac{0{,}005\,kg}{0{,}000001\,m^3} = 5000\,\frac{kg}{m^3}$

Umrechnung in $\frac{g}{L}$: 1 cm^3 entspricht 0,001 dm^3. 0,001 dm^3 entspricht 0,001 L.

Also gilt: $\varrho = \frac{5\,g}{0{,}001\,L} = 5000\,\frac{g}{L}$

Umrechnung in $\frac{g}{mL}$: 1 cm^3 entspricht 1 mL. Also gilt: $\varrho = \frac{5\,g}{1\,mL} = 5\,\frac{g}{mL}$

Tipp

Merkregel zur Umrechnung von Dichteangaben

- Von der Einheit $\frac{g}{cm^3}$ auf die Einheit $\frac{kg}{m^3}$: mit 1000 multiplizieren.
- Von der Einheit $\frac{kg}{m^3}$ auf die Einheit $\frac{g}{cm^3}$: durch 1000 teilen.

$1\,\frac{g}{cm^3} = 1\,\frac{g}{mL}$; $1\,\frac{kg}{m^3} = 1\,\frac{g}{L}$

48 ★☆ 1000 mL Wasser wiegen etwa 1000 g. Berechne die Dichte von Wasser in den folgenden Einheiten.

a) $\frac{g}{mL}$ b) $\frac{g}{L}$ c) $\frac{g}{cm^3}$ d) $\frac{kg}{m^3}$

49 ★☆ Die Dichte eines Stoffes beträgt $3000\,\frac{g}{L}$.
Gib die Dichte des Stoffes in den Einheiten $\frac{g}{mL}$, $\frac{g}{cm^3}$ und $\frac{kg}{m^3}$ an.

50 ★★ Wasser hat eine besondere Eigenschaft: Bei 4 °C hat Wasser die höchste Dichte. Sie ist sogar höher als die Dichte von Eis. Man spricht von der *Anomalie des Wassers*. Wenn im Winter ein kleiner See gefriert, bildet sich an der Oberfläche eine Eisschicht. Darunter liegt aber noch flüssiges Wasser vor.

a) Erkläre den beschriebenen Ablauf beim Gefrieren eines Sees mithilfe des Wissens, dass Wasser bei 4 °C die höchste Dichte hat.

b) Angenommen, die Dichte von Wasser würde ansteigen, je kleiner die Temperatur ist. Welche Aussage könntest du treffen, wenn die Oberfläche eines Sees im Winter gefroren ist?

51 ★★ Kalte Luft hat eine höhere Dichte als warme Luft.

a) Begründe diesen Sachverhalt mithilfe des Teilchenmodells.

b) Wo ist es demnach in einem Raum wärmer – oben oder unten?

2 Verhältnisformeln und Reaktionsgleichungen

2.1 Massengesetze, Massenberechnung und Teilchenzahl

Tipp

Massenerhaltungsgesetz

Es gilt: **Die Masse der Ausgangsstoffe (Edukte) entspricht der Masse der Produkte.**

Beispiel:
Die Stoffe A und B reagieren vollständig zu den Stoffen C und D. Es reagieren 10 g A und 20 g B. Dabei entstehen 5 g C. Wie viel g D entstehen?

Es entstehen 25 g D, denn:
$$m(\text{A}) + m(\text{B}) = m(\text{C}) + m(\text{D})$$
$$30\,\text{g} = 5\,\text{g} + m(\text{D}) \quad |-5\,\text{g}$$
$$25\,\text{g} = m(\text{D})$$

Massenverhältnis

Es werden z. B. 10 g von Stoff A für eine vollständige Reaktion mit 20 g von Stoff B benötigt. In einer späteren Reaktion wird das Doppelte (20 g) von Stoff A eingesetzt. Dann wird auch das Doppelte (40 g) des Stoffes B benötigt. Werden 50 g von Stoff A eingesetzt, so sind 100 g von Stoff B notwendig.
Man spricht von einem konstanten Massenverhältnis.

Erklärung: Teilst du die Massen der beteiligten Stoffe, so kommt immer die gleiche Zahl heraus:

$$\frac{m(\text{B})}{(m(\text{A})} = \frac{20\,\text{g}}{10\,\text{g}} = 2 \qquad \frac{m(\text{B})}{m(\text{A})} = \frac{40\,\text{g}}{20\,\text{g}} = 2 \qquad \frac{m(\text{B})}{m(\text{A})} = \frac{100\,\text{g}}{50\,\text{g}} = 2$$

Beispiel:
3 g von Stoff E reagieren vollständig mit 5 g von Stoff F. Beim nächsten Mal werden 7 g E eingesetzt. Welche Masse an F ist nötig für eine vollständige Reaktion?

Massenverhältnis: $\frac{m(\text{F})}{m(\text{E})} = \frac{5\,\text{g}}{3\,\text{g}} = \frac{5}{3}$

m(F) ist nun gesucht, m(E) beträgt 7 g. Das Verhältnis bleibt $\frac{5}{3}$.

$$\frac{m(\text{F})}{7\,\text{g}} = \frac{5}{3} \qquad |\cdot 7\,\text{g}$$
$$m(\text{F}) = \frac{35}{3}\,\text{g} \approx 11{,}67\,\text{g}$$

Es werden etwa 11,67 g des Stoffes F benötigt.

Tipp

Anzahlverhältnis

Reagieren in einer Reaktion zwei Teilchen des Stoffes A mit einem Teilchen des Stoffes B, so gilt dies auch für alle anderen Reaktionen des Stoffes A mit B. Werden beispielsweise zehn Teilchen des Stoffes A eingesetzt, so sind fünf Teilchen des Stoffes B notwendig für eine vollständige Reaktion. Werden 20 Teilchen von A eingesetzt, sind zehn Teilchen B notwendig.

Man spricht von einem konstanten Anzahlverhältnis, denn: $\frac{2}{1} = \frac{10}{5} = \frac{20}{10}$.

Verhältnisformel

Wenn zwei Teilchen von A mit einem Teilchen von B reagieren, werden diese Zahlen als Index in die entstehende Verbindung geschrieben: A_2B.

Beispiele:

- Drei Teilchen des Stoffes A reagieren mit zwei Teilchen des Stoffes B. Die Verhältnisformel lautet: A_3B_2.
- Aus den Stoffen A und B entsteht eine Verbindung A_4B_3. In einer Reaktion werden 12 mol A eingesetzt. Welche Stoffmenge an B muss für eine vollständige Reaktion verwendet werden?
  Lösung: 9 mol. Denn A_4B_3 bedeutet, 4 mol A haben mit 3 mol B reagiert. Wenn die Anzahl an Teilchen von A verdreifacht wird (auf 12 mol), werden auch dreimal so viele Teilchen von B für die Reaktion benötigt.

Achtung: Es werden die kleinstmöglichen Zahlen als Index notiert. Wenn beispielsweise festgestellt wird, dass vier Teilchen A mit zwei Teilchen B reagieren, schreibt man trotzdem A_2B, denn $\frac{4}{2} = \frac{2}{1}$.

Berechnen der Verhältnisformel anhand des Massenverhältnisses

In einem Experiment wird herausgefunden, dass 92 g Natrium mit 64,2 g Schwefel zu Natriumsulfid reagieren. Gesucht ist die Verhältnisformel von Natriumsulfid. Die Masse eines Natriumatoms beträgt 23 u, die Masse eines Schwefelatoms beträgt 32,1 u.

1. Aufstellen des Massenverhältnisses:

$$\frac{m(\text{„reagiertes" Natrium})}{m(\text{„reagierter" Schwefel})} = \frac{92\,\text{g}}{64{,}2\,\text{g}} \approx 1{,}433$$

2. Verhältnis der einzelnen Atommassen:

$$\frac{m(1\ \text{Natriumatom})}{m(1\ \text{Schwefelatom})} = \frac{23\,\text{u}}{32{,}1\,\text{u}} \approx 0{,}717$$

Tipp

3. Berechnen des Anzahlverhältnisses:
   Wie viele Natriumatome haben also mit einem Schwefelatom reagiert?

   $$\frac{\text{Massenverhältnis}}{\text{Verhältnis der Atommassen}} = \frac{1{,}433}{0{,}717} = x \approx 2$$

   Zwei Natriumatome werden für ein Schwefelatom benötigt.

4. Die Verhältnisformel von Natriumsulfid lautet also Na_2S.

Mögliche Ergebnisse bei Schritt 3 für andere Reaktionen (A reagiert mit B):

Ergebnis	Verhältnisformel
3	A_3B
5	A_5B
0,5 (d.h. $\frac{1}{2}$)	AB_2
≈ 0,667 (d.h. etwa $\frac{2}{3}$)	A_2B_3
≈ 1,33 (d.h. etwa $\frac{4}{3}$)	A_4B_3
0,75 (d.h. $\frac{3}{4}$)	A_3B_4

Achtung: In den Verhältnisformeln kommen nur ganzzahlige Werte vor. Da mit gerundeten Werten gerechnet wird, kann es sein, dass das Ergebnis ganz leicht vom exakten Wert abweicht. Dann wird das Verhältnis, das dem Ergebnis am nächsten ist, genommen.

Allgemein: Der Index von A geteilt durch den Index von B muss das Ergebnis in Schritt 3 angeben. Bei einer Verbindung A_3B_4 heißt das: $\frac{3}{4} = 0{,}75$. Ist das Ergebnis aus Schritt 3 bekannt, lässt sich so durch Umformen der Dezimalzahlen als Bruch herausfinden, wie die passende Verhältnisformel lautet.

1 ★☆ In einer chemischen Reaktion reagieren 4 g des Stoffes A vollständig mit 6 g des Stoffes B.

a) Berechne das Massenverhältnis der Reaktion.

b) In einer weiteren Reaktion werden 5 g des Stoffes A eingesetzt. Welche Masse von Stoff B ist notwendig für eine vollständige Reaktion?

2 ★☆ Das Massenverhältnis einer Reaktion beträgt $\frac{m(B)}{m(A)} = \frac{3}{4}$. In einer Reaktion werden 5 g B eingesetzt.
Welche Masse an A wird für eine vollständige Reaktion benötigt?

3 ★☆ Notiere jeweils die Verhältnisformel. Es wird festgestellt, dass …

a) 4 Teilchen A mit 3 Teilchen B reagieren.
b) 6 Teilchen A mit 3 Teilchen B reagieren.
c) 2 Teilchen A mit 3 Teilchen B reagieren.
d) 1 Teilchen A mit 3 Teilchen B reagieren.
e) 3 Teilchen A mit 9 Teilchen B reagieren.

4 ★★ Ein Zinkatom hat eine Masse von 65,4 u, ein Schwefelatom eine Masse von 32,1 u. Es findet eine vollständige Reaktion von 204 g Zink mit 100 g Schwefel statt.

a) Stelle das Massenverhältnis auf.
b) Berechne das Verhältnis der Atommassen.
c) Berechne das Anzahlverhältnis.
d) Stelle die Verhältnisformel auf.

5 ★★ Das Massenverhältnis in einer Reaktion von Silber mit Schwefel lautet $\frac{m(\text{„reagiertes Silber"})}{m(\text{„reagiertes Schwefel"})} = \frac{6{,}37}{1}$. Stelle die Verhältnisformel auf (Masse eines Silberatoms: 107,9 u, Masse eines Schwefelatoms: 32,1 u).

6 ★★ Ein Kupferatom hat eine Masse von 63,5 u, ein Schwefelatom eine Masse von 32,1 u. Es findet eine vollständige Reaktion von 79,2 g Kupfer mit 20 g Schwefel statt.

a) Zu 30 g Schwefel werden 120 g Kupfer gegeben. Berechne die Masse an Kupfer, die nicht an der Reaktion teilnimmt.
b) Stelle die Verhältnisformel auf.

7 ★★ Die Verhältnisformel von Eisensulfid lautet FeS_2. Ein Eisenatom hat eine Masse von 55,8 u, ein Schwefelatom hat eine Masse von 32,1 u. Berechne das Massenverhältnis.

Tipp:
In der Gleichung $\frac{\text{Massenverhältnis}}{\text{Verhältnis der Atommassen}} = x$ sind „x" und das Verhältnis der Atommassen bekannt. Stelle nach dem Massenverhältnis um.

2.2 Verhältnisformeln

Tipp

Verhältnisformeln kommen bei Ionenverbindungen (= Salze) vor. In der Regel geben dabei Metallatome Elektronen an Nichtmetallatome ab.
Es entstehen positiv geladene Metallkationen und negativ geladene Nichtmetallanionen.
Bei der Reaktion bilden sich Salzkristalle.
Die Verhältnisformel gibt das Anzahlverhältnis von Metallkation zu Nichtmetallanion an. Liegen doppelt so viele Metallkationen A wie Nichtmetallanionen B vor, lautet die Verhältnisformel A_2B.

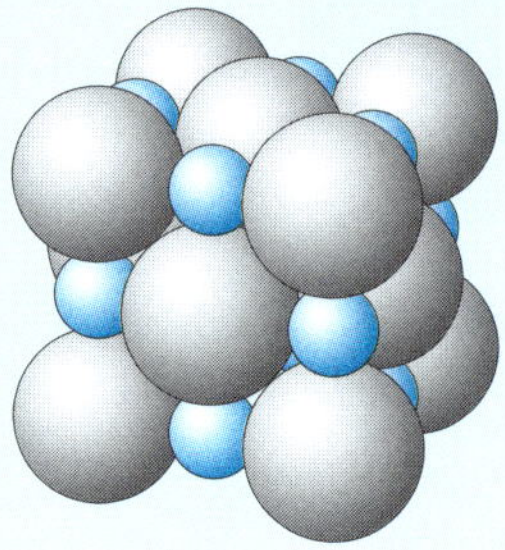

Natriumchlorid-Kristall

Aufstellen der Verhältnisformel

Ionenverbindungen sind nach außen hin stets neutral. Die Ladungen und die Verhältnisse müssen sich also aufheben.

Beispiele:

- In einer Ionenverbindung liegen vor: A^{2+} und B^{-}. Da die Ionenverbindung neutral sein muss, müssen doppelt so viele B^{-}-Ionen vorliegen wie A^{2+}-Ionen.
  Die Verhältnisformel lautet AB_2.
- Aluminium reagiert mit Schwefel. Es entstehen Al^{3+}- sowie S^{2-}-Ionen.
  Die Verhältnisformel lautet Al_2S_3.
- Sauerstoff und Magnesium reagieren. Es entsteht: O^{2-} und Mg^{2+}.
  Die Verhältnisformel lautet MgO.

Hilfestellung:
Die Ladungen der Ionen in der Ionenverbindung können durch römische Zahlen notiert werden. Dann lässt sich die Verhältnisformel leichter aufstellen, z. B.:

$$\overset{+II}{Ca_3}\overset{-III}{P_2}$$

Tipp: Die Ladungszahl vom Metallkation ist der Index vom Nichtmetallanion und umgekehrt. Wenn es möglich ist, zu kürzen, müssen die Zahlen gekürzt werden.

8 ★☆ Vervollständige die Verhältnisformeln.

a) $\overset{+II}{Mg}_{\square}\overset{-III}{N}_{\square}$

b) $\overset{+I}{Li}_{\square}\overset{-II}{S}_{\square}$

c) $\overset{+II}{Be}_{\square}\overset{-II}{O}_{\square}$

d) $\overset{+III}{Al}_{\square}\overset{-I}{F}_{\square}$

e) $\overset{+III}{Al}_{\square}\overset{-II}{O}_{\square}$

f) $\overset{+II}{Ca}_{\square}\overset{-I}{Cl}_{\square}$

9 ★☆ Notiere die Ladungen der Ionen folgender Atome.

a) I ____________________

b) P ____________________

c) Na ____________________

d) K ____________________

e) Mg ____________________

f) Br ____________________

Um die Aufgaben 9 und 10 lösen zu können, muss dir die Bildung eines Ions aus einem Atom bekannt sein.

10 ★☆ Stelle die Verhältnisformeln dieser Ionenverbindungen auf.

a) Magnesiumiodid ____________________

b) Calciumoxid ____________________

c) Natriumsulfid ____________________

d) Aluminiumchlorid ____________________

e) Kaliumnitrid ____________________

f) Aluminiumoxid ____________________

g) Calciumnitrid ____________________

h) Lithiumfluorid ____________________

2.3 Ausgleichen von Reaktionsgleichungen

Tipp

Regeln zum Ausgleichen von Reaktionsgleichungen

Beim Ausgleichen von Reaktionsgleichungen müssen folgende Regeln beachtet werden:

- Der Index in einer Verhältnisformel darf nie geändert werden.
- Von jedem Teilchen müssen auf der linken Seite des Reaktionspfeils gleich viele vorkommen wie auf der rechten Seite.
- Es dürfen nur die Zahlen vor den Teilchen geändert werden. Die Zahl 1 wird einfach weggelassen (s. Beispiele).
- Folgende Elemente kommen ausschließlich als Molekül vor: Wasserstoff, Stickstoff, Sauerstoff, Fluor, Chlor, Brom, Iod (H_2, N_2, O_2, F_2, Cl_2, Br_2, I_2).

Beispiel: 1

Vervollständige folgende Reaktionsgleichung: $\square\ Sn + \square\ S \longrightarrow \square\ Sn_2S_3$.

Lösung: $2\ Sn + 3\ S \longrightarrow Sn_2S_3$

Beispiel: 2

Sauerstoff reagiert mit Lithium. Dabei entsteht Lithiumoxid mit der Verhältnisformel Li_2O. Formuliere die dazugehörige Reaktionsgleichung.

Ansatz: $\square\ Li + \square\ O_2 \longrightarrow \square\ Li_2O$

Lösung: $4\ Li + O_2 \longrightarrow 2\ Li_2O$

Erklärung:

- Sauerstoff kommt nur als Molekül vor O_2 $\Rightarrow$ links stehen 2 O, rechts nur 1 O.
- Ausgleichen für O: Rechts 2 vor die Verhältnisformel schreiben. Problem: Rechts stehen nun 4 Li.
- Ausgleichen für Li: Links 4 vor Li schreiben.

11 ★☆ Vervollständige die Reaktionsgleichungen.

a) ☐ Al + ☐ S ⟶ ☐ Al_2S_3

b) ☐ Mg + ☐ N_2 ⟶ ☐ Mg_3N_2

c) ☐ Li + ☐ P ⟶ ☐ Li_3P

d) ☐ Ca + ☐ Cl_2 ⟶ ☐ $CaCl_2$

e) ☐ Ca + ☐ O_2 ⟶ ☐ CaO

f) ☐ Al + ☐ F_2 ⟶ ☐ AlF_3

g) ☐ Na + ☐ O_2 ⟶ ☐ Na_2O

h) ☐ Mg + ☐ Br_2 ⟶ ☐ $MgBr_2$

i) ☐ Al + ☐ O_2 ⟶ ☐ Al_2O_3

j) ☐ K + ☐ I_2 ⟶ ☐ KI

k) ☐ Li + ☐ N_2 ⟶ ☐ Li_3N

l) ☐ Al + ☐ N_2 ⟶ ☐ AlN

12 ★☆ Formuliere die dazugehörige Reaktionsgleichung. Verwende folgende Verhältnisformeln: $AlBr_3$, MgF_2, MgO, Na_3P, KF, Li_2S.

a) Magnesium reagiert mit Sauerstoff. ____________________

b) Natrium reagiert mit Phosphor. ____________________

c) Lithium reagiert mit Schwefel. ____________________

d) Aluminium reagiert mit Brom. ____________________

e) Kalium reagiert mit Fluor. ____________________

f) Magnesium reagiert mit Fluor. ____________________

2.4 Chemisches Rechnen bei Reaktionsgleichungen

Tipp

Das Stoffmengenverhältnis

Die Zahlen vor den Buchstaben in einer Reaktionsgleichung stehen in einem festen Verhältnis zueinander.

Beispiel 1:

$$2\,A + 3\,B \longrightarrow 1\,C + 4\,D$$

2 Teilchen A reagieren mit 3 Teilchen B zu 1 Teilchen C und 4 Teilchen D. Ebenso reagieren 4 Teilchen A mit 6 Teilchen B zu 2 Teilchen C und 8 Teilchen D. Die Anzahl an Teilchen entspricht der Stoffmenge n.

Das heißt: Ist von einem der Teilchen bekannt, welche Stoffmenge eingesetzt wurde, lässt sich die Stoffmenge aller anderen Teilchen in der Reaktion berechnen. Die Berechnung erfolgt mithilfe des Stoffmengenverhältnisses.

Stoffmengenverhältnis allgemein: $\frac{n(\text{A})}{n(\text{B})} = \frac{\text{Zahl vor A}}{\text{Zahl vor B}}$

Wir können dies im Beispiel 1 in Bezug auf die Teilchenzahl von A ausrechnen:

$$\frac{n(\text{A})}{n(\text{B})} = \frac{2}{3} \Rightarrow n(\text{A}) = \frac{2}{3} \cdot n(\text{B}),\; n(\text{B}) = \frac{3}{2} \cdot n(\text{A})$$

$$\frac{n(\text{A})}{n(\text{C})} = \frac{2}{1} \Rightarrow n(\text{A}) = 2 \cdot n(\text{C}),\; n(\text{C}) = \frac{1}{2} \cdot n(\text{A})$$

$$\frac{n(\text{A})}{n(\text{D})} = \frac{2}{4} = \frac{1}{2} \Rightarrow n(\text{A}) = \frac{1}{2} \cdot n(\text{D}),\; n(\text{D}) = 2 \cdot n(\text{A})$$

Beispiel 2:

0,3 mol A werden eingesetzt. Berechne die Stoffmenge an B, C und D.

Lösung: $n(\text{B}) = \frac{3}{2} \cdot 0{,}3\text{ mol} = 0{,}45\text{ mol}$

$n(\text{C}) = \frac{1}{2} \cdot 0{,}3\text{ mol} = 0{,}15\text{ mol}$

$n(\text{D}) = 2 \cdot 0{,}3\text{ mol} = 0{,}6\text{ mol}$

Tipp

Beispiel 3:
Magnesium reagiert mit Sauerstoff zu Magnesiumoxid. Bei der Reaktion werden 30 g Sauerstoff eingesetzt.
Berechne die Masse des entstehenden Magnesiumoxids.

Lösung:
Zunächst wird die Reaktionsgleichung aufgestellt.
$2\,Mg + O_2 \longrightarrow 2\,MgO$

Bekannt sind die molaren Massen. Bei Sauerstoff ist zusätzlich die Masse bekannt. Somit kannst du die Stoffmenge von Sauerstoff berechnen. Über das Stoffmengenverhältnis erhältst du die Stoffmenge an Magnesiumoxid. Aus Stoffmenge und molarer Masse von Magnesiumoxid kannst du die Masse berechnen.

1. *Ausgangssituation*

2 Mg	+	O_2	$\longrightarrow$	2 MgO
$M(Mg) = 24{,}3\,\frac{g}{mol}$		$M(O_2) = 32\,\frac{g}{mol}$		$M(MgO) = 40{,}3\,\frac{g}{mol}$
$n(Mg) = ?$		$n(O_2) = ?$		$n(MgO) = ?$
$m(Mg) = ?$		$m(O_2) = 30\,g$		$m(MgO) = ?$ (gesucht)

2. *Berechnung der Stoffmenge von Sauerstoff*

$$n = \frac{m}{M} = \frac{30\,g}{32\,\frac{g}{mol}} = 0{,}9375\,mol$$

2 Mg	+	O_2	$\longrightarrow$	2 MgO
$M(Mg) = 24{,}3\,\frac{g}{mol}$		$M(O_2) = 32\,\frac{g}{mol}$		$M(MgO) = 40{,}3\,\frac{g}{mol}$
$n(Mg) = ?$		$n(O_2) = 0{,}9375\,mol$		$n(MgO) = ?$
$m(Mg) = ?$		$m(O_2) = 30\,g$		$m(MgO) = ?$ (gesucht)

Tipp

3. *Berechnung der Stoffmenge von Magnesiumoxid*

$$\frac{n(MgO)}{n(O_2)} = \frac{2}{1} \Rightarrow n(MgO) = 2 \cdot n(O_2) = 2 \cdot 0{,}9375\,mol = 1{,}875\,mol$$

2 Mg	+	O_2	⟶	2 MgO
$M(Mg) = 24{,}3\,\frac{g}{mol}$		$M(O_2) = 32\,\frac{g}{mol}$		$M(MgO) = 40{,}3\,\frac{g}{mol}$
$n(Mg) = ?$		$n(O_2) = 0{,}9375\,mol$		$n(MgO) = 1{,}875\,mol$
$m(Mg) = ?$		$m(O_2) = 30\,g$		$m(MgO) = ?$ (gesucht)

4. *Berechnung der Masse von Magnesiumoxid*

$$m = n \cdot M = 1{,}875\,mol \cdot 40{,}3\,\frac{g}{mol} = 75{,}5625\,g$$

Es entstehen 75,5625 g Magnesiumoxid.

13 ★☆ Gegeben ist folgende Reaktionsgleichung:

$$3\,A + 5\,B \longrightarrow 2\,C + 6\,D$$

a) Es werden 0,2 mol A eingesetzt. Berechne die Stoffmenge an B, C und D.

b) Es werden 0,5 mol B eingesetzt. Berechne die Stoffmenge an A, C und D.

c) Es entstehen 0,4 mol C. Berechne die Stoffmenge an A, B und D.

d) Es entstehen 3 mol D. Berechne die Stoffmenge an A, B und C.

14 ★☆ Gegeben ist folgende Reaktionsgleichung:

$$2\,A + 1\,B \longrightarrow 3\,C + 2\,D$$

a) Es werden 4 mol A eingesetzt. Berechne die Stoffmenge an B, C und D.

b) Es werden 2 mol B eingesetzt. Berechne die Stoffmenge an A, C und D.

c) Es entstehen 5 mol C. Berechne die Stoffmenge an A, B und D.

d) Es entstehen 0,7 mol D. Berechne die Stoffmenge an A, B und C.

15 ★☆ Gegeben ist folgende Reaktionsgleichung:

$$4\,Al + 3\,O_2 \longrightarrow 2\,Al_2O_3$$

a) Es werden 2 mol Aluminium eingesetzt. Berechne die Stoffmenge der restlichen Stoffe.

b) Es werden 0,3 mol Sauerstoff eingesetzt. Berechne die Stoffmenge der restlichen Stoffe.

c) Es entstehen 7 mol Aluminiumoxid. Berechne die Stoffmenge der Ausgangsstoffe.

16 ★☆ Gegeben ist folgende Reaktionsgleichung:

$$Fe_3O_4 + 8\,Li \longrightarrow 4\,Li_2O + 3\,Fe$$

a) Es wird 1 mol Lithium eingesetzt. Berechne die Stoffmenge der restlichen Stoffe.

b) Es werden 0,2 mol Eisenoxid eingesetzt. Berechne die Stoffmenge der restlichen Stoffe.

c) Es entstehen 3 mol Lithiumoxid. Berechne die Stoffmenge der Ausgangsstoffe.

d) Es entstehen 2 mol Eisen. Berechne die Stoffmenge der Ausgangsstoffe.

e) Es werden 5 g Eisenoxid eingesetzt. Berechne die Stoffmenge aller beteiligten Stoffe.

f) Es werden 3 g Lithium eingesetzt. Berechne die Massen aller beteiligten Stoffe.

g) Man möchte 2 kg Eisen herstellen. Berechne, welche Masse an Lithium dafür notwendig ist.

h) Welche Masse an Lithium wird für 10g Lithiumoxid benötigt?

17 ★☆ In einer Redoxreaktion reagiert Calcium mit Eisenoxid (Fe_3O_4). Bei der Reaktion sollen 50 g Eisen entstehen.
Berechne die Masse an Calcium und Eisenoxid, die dafür notwendig sind.

18 ★★ Wasserstoff reagiert mit Chlor zu gasförmigem Chlorwasserstoff (HCl). Insgesamt entstehen bei der Reaktion 30 L Chlorwasserstoff.
Berechne das Volumen an Wasserstoff und Chlor zu Beginn der Reaktion.

19 ★★ Es sollen 20 ml Ammoniak (NH_3) durch eine Reaktion von Stickstoff mit Wasserstoff hergestellt werden.
Berechne das Volumen an Wasserstoff sowie Stickstoff, welches dafür notwendig ist.

20 ★★ Bei der Reaktion von Brom mit Octan werden 50 g Octan eingesetzt.
Hinweis: Die dazugehörige Reaktionsgleichung lautet:

$$Br_2 + C_8H_{18} \longrightarrow C_8H_{17}Br + HBr$$

a) Berechne die notwendige Masse an Brom für eine vollständige Reaktion.

b) Berechne das Volumen von Brom für eine vollständige Reaktion.

c) Berechne die Massen der Produkte Bromoctan und Bromwasserstoff.

Hinweis: Brom ist eine bei Raumtemperatur schnell verdampfende Flüssigkeit. Mehr hierzu findest du in Kapitel 1.3.

21 ★★ Bei der Reaktion von Chlor mit Ethan werden 20 mL Chlor eingesetzt.
Hinweis: Die dazugehörige Reaktionsgleichung lautet:

$$Cl_2 + C_2H_6 \longrightarrow C_2H_5Cl + HCl$$

Berechne die Masse an erzeugtem Chlorethan.

22 ★★ Durch eine Substitutionsreaktion soll 1 kg Chlorpropan gewonnen werden.
Hinweis: Die dazugehörige Reaktionsgleichung lautet:

$$C_3H_8 + Cl_2 \longrightarrow C_3H_7Cl + HCl$$

Berechne die dafür notwendige Masse der Ausgangsstoffe.

23 ★★ 100 mL Ethen sollen zu 1,2-Dibromethan umgesetzt werden.
Hinweis: Die dazugehörige Reaktionsgleichung lautet:

$$C_2H_4 + Br_2 \longrightarrow C_2H_4Br_2$$

Berechne die Masse an Brom, die dafür benötigt wird.

24 ★★ Bei der Verbrennung von Butan entstehen zwei Liter Kohlenstoffdioxid.
Hinweis: Die dazugehörige Reaktionsgleichung lautet:

$$2\ C_4H_{10} + 13\ O_2 \longrightarrow 8\ CO_2 + 10\ H_2O$$

Berechne die Masse des verbrannten Butans.

25 ★★ Es werden 50 mL Butan verbrannt.
Hinweis: Die dazugehörige Reaktionsgleichung lautet:

$$2\ C_4H_{10} + 13\ O_2 \longrightarrow 8\ CO_2 + 10\ H_2O$$

Welches Volumen an Sauerstoff wird für die Reaktion benötigt? Berechne.

26 ★★ 100 g Ethanol werden vollständig verbrannt.
Hinweis: Die dazugehörige Reaktionsgleichung lautet:

$$CH_3CH_2OH + 3\ O_2 \longrightarrow 2\ CO_2 + 3\ H_2O$$

Welches Volumen an Kohlenstoffdioxid entsteht dabei?

1 Formeln, Größen und chemisches Rechnen

1 a) $4 \cdot 32\,u = 128\,u$. 4 Schwefelatome wiegen 128 u.
b) 32 g, denn: Die Masse eines Atoms in Unit entspricht der Masse von einem Mol des Stoffs in Gramm.
c) $4 \cdot 32\,g = 128\,g$. 4 mol Schwefel wiegen 128 g.
d) 32 g, denn: $6 \cdot 10^{23}$ Teilchen sind genau 1 mol Stoff.
Also entspricht diese Masse dem Ergebnis aus b).
e) $2 \cdot 32\,g = 64\,g$, denn: $2 \cdot 6 \cdot 10^{23}$ Teilchen sind genau 2 mol Stoff. Die Masse von einem Mol Schwefel beträgt laut b) und d) 32 g, also muss diese Zahl verdoppelt werden.
f) $3 \cdot 32\,g = 96\,g$, denn: $18 \cdot 10^{23}$ Schwefelatome sind genau 3 mol Schwefel.

2 a) 31 u. Wenn 2 mol Phosphor 62 g wiegen, wiegen 2 Phosphoratome 62 u und 1 Phosphoratom die Hälfte, also 31 u.
b) 31 g. 1 mol Phosphor wiegt 31 g.
c) $2 \cdot 62\,g = 124\,g$ bzw. $4 \cdot 31\,g = 124\,g$ bzw. $4\,mol \cdot 31\,\frac{g}{mol} = 124\,g$.
4 mol Phosphor wiegen 124 g.
d) 31 g. $6 \cdot 10^{23}$ Phosphoratome sind 1 mol, wiegen also 31 g.
e) 62 g. $2 \cdot 6 \cdot 10^{23}$ Phosphoratome sind 2 mol, wiegen also 62 g.
f) 93 g. $18 \cdot 10^{23}$ Phosphoratome sind 3 mol, wiegen also 93 g.

3 a) Wenn 7 mol Helium 28 g wiegen, dann wiegen 7 Heliumatome 28 u.
Die Masse von einem Heliumatom beträgt: $\frac{28\,u}{7} = 4\,u$.
b) 4 g, denn: Die Masse von 1 mol Helium beträgt: $\frac{28\,g}{7} = 4\,g$.
c) $5\,mol \cdot 4\,\frac{g}{mol} = 20\,g$. 5 mol Helium wiegen 20 g.
d) $6 \cdot 10^{23}$ Heliumatome entsprechen 1 mol Helium, nach b) also 4 g.
e) $4 \cdot 6 \cdot 10^{23}$ Heliumatome entsprechen 4 mol Helium, also $4\,mol \cdot 4\,\frac{g}{mol} = 16\,g$.
f) $12 \cdot 10^{23} = 2 \cdot 6 \cdot 10^{23}$ Heliumatome entsprechen 2 mol Helium, also
$2\,mol \cdot 4\,\frac{g}{mol} = 8\,g$.

4

Element	Masse eines Atoms	Masse von $6 \cdot 10^{23}$ Atomen (1 mol)	Masse von $3 \cdot 6 \cdot 10^{23}$ Atomen	Masse von 8 mol
Scandium	45 u	45 g	$3\,mol \cdot 45\,\frac{g}{mol} = 135\,g$	$8\,mol \cdot 45\,\frac{g}{mol} = 360\,g$
Holmium	$\frac{1320\,u}{8} = 165\,u$	$\frac{1320\,g}{8} = 165\,g$	$3\,mol \cdot 165\,\frac{g}{mol} = 495\,g$	1320 g
Gold	197 u	197 g	$3\,mol \cdot 197\,\frac{g}{mol} = 591\,g$	$8\,mol \cdot 197\,\frac{g}{mol} = 1576\,g$
Selen	$\frac{237\,u}{3} = 79\,u$	79 g	237 g	$8\,mol \cdot 79\,\frac{g}{mol} = 632\,g$

5 Chlor, Brom und Iod liegen nicht als einzelnes Atom, sondern als zweiatomiges Molekül vor.

Element	Masse eines Atoms	Masse von 1 mol	Masse von 8 mol
Chlor	$\frac{71\,u}{2} = 35{,}5\,u$	71 g	$71\,g \cdot 8 = 568\,g$
Brom	$\frac{159{,}8\,u}{2} = 79{,}9\,u$	$\frac{1278{,}4\,g}{8} = 159{,}8\,g$	1278,4 g
Iod	126,9 u	$2 \cdot 126{,}9\,g = 253{,}8\,g$	$253{,}8\,g \cdot 8 = 2030{,}4\,g$

6 a) Ein Natriumatom wiegt 23 u, also wiegen 1 mol Natrium 23 g. Die molare Masse beträgt somit $M(Na) = 23\,\frac{g}{mol}$.

b) Stickstoff kommt nur als Molekül vor. Ein Stickstoffatom wiegt 14 u, dann wiegt 1 mol Stickstoff aber $2 \cdot 14\,g = 28\,g$ (siehe Kapitel 1.1). Die molare Masse beträgt somit $M(N_2) = 28\,\frac{g}{mol}$.

c) Siehe a) → $M(P) = 31\,\frac{g}{mol}$

d) Siehe b) → $M(I_2) = 253{,}8\,\frac{g}{mol}$

e) Siehe a) → $M(S) = 32{,}1\,\frac{g}{mol}$

f) Siehe b) → $M(Br_2) = 159{,}8\,\frac{g}{mol}$

7 a) $M(SiC) = M(Si) + M(C) = 28{,}1\,\frac{g}{mol} + 12\,\frac{g}{mol} = 40{,}1\,\frac{g}{mol}$

Siliciumcarbid hat die molare Masse $40{,}1\,\frac{g}{mol}$.

b) $M(SiS_2) = M(Si) + M(S) + M(S) = 28{,}1\,\frac{g}{mol} + 32{,}1\,\frac{g}{mol} + 32{,}1\,\frac{g}{mol} = 92{,}3\,\frac{g}{mol}$

Siliciumdisulfid hat die molare Masse $92{,}3\,\frac{g}{mol}$.

8 a) $M(CH_4) = 12\,\frac{g}{mol} + 4 \cdot 1\,\frac{g}{mol} = 16\,\frac{g}{mol}$

Methan hat die molare Masse $16\,\frac{g}{mol}$.

b) $M(C_2H_6) = 2 \cdot 12\,\frac{g}{mol} + 6 \cdot 1\,\frac{g}{mol} = 30\,\frac{g}{mol}$

Ethan hat eine molare Masse von $30\,\frac{g}{mol}$.

c) $M(C_2H_5OH) = 2 \cdot 12\,\frac{g}{mol} + 5 \cdot 1\,\frac{g}{mol} + 16\,\frac{g}{mol} + 1\,\frac{g}{mol} = 46\,\frac{g}{mol}$

Ethanol hat eine molare Masse von $46\,\frac{g}{mol}$.

9

		Protonen	Elektronen	Neutronen
a)	Natrium	11	11	12
b)	Wasserstoff	1	1	0
c)	Sauerstoff	8	8	8
d)	Stickstoff	7	7	7
e)	Fluor	9	9	10
f)	Helium	2	2	2
g)	Aluminium	13	13	14
h)	Selen	34	34	35

10 a) Beryllium: Ordnungszahl 4

b) Silicium: Ordnungszahl 14

c) Chlor: Ordnungszahl 17

d) Brom: Ordnungszahl 35

11 a) Schwefel: $M = 32{,}1\,\frac{g}{mol}$

b) Kohlenstoff: $M = 12\,\frac{g}{mol}$

c) Neon: $M = 20{,}2\,\frac{g}{mol}$

d) Lithium: $M = 6{,}9\,\frac{g}{mol}$

12

		Anzahl an Valenzelektronen
a)	Iod	7
b)	Fluor	7
c)	Chlor	7
d)	Kohlenstoff	4
e)	Sauerstoff	6
f)	Wasserstoff	1

		Anzahl an Valenzelektronen
g)	Neon	8
h)	Natrium	1
i)	Kalium	1
j)	Calcium	2
k)	Aluminium	3
l)	Magnesium	2

13 a) Es handelt sich um Isotope. Bei der Atomsorte können dann unterschiedliche Anzahlen an Neutronen vorkommen. Der Durchschnittswert der Neutronen wird berechnet. Dieser ist meist nicht ganzzahlig.

b) Die Masse eines einzelnen Atoms ist stets ganzzahlig, da ein Elektron etwa 0 u wiegt und ein Proton sowie ein Neutron jeweils etwa 1 u. Es werden bei der Atommasse also nur die Zahlen 0 und 1 addiert. Dabei kann keine Kommazahl entstehen.

14 a) Bor b) Stickstoff c) Schwefel d) Fluor

15 a) Wasserstoff, Lithium, Natrium, Kalium, Rubidium, Caesium, Francium (Elemente der I. Hauptgruppe)

b) Bor

c) Gibt es nicht, da dann eine Ladung vorliegen würde. Dann handelt es sich nicht um ein Atom, sondern ein Ion.

16 Es handelt sich um ein Magnesiumatom. Da es sich in der II. Hauptgruppe befindet, hat es zwei Valenzelektronen. Da es sich in der 3. Periode befindet, hat es außerdem zwei voll besetzte Schalen und seine dritte Schale ist seine Valenzschale.

17 a) Isotope eines Atoms haben stets die gleiche Anzahl an Protonen und Elektronen. Sie unterscheiden sich nur in der Anzahl der Neutronen.

Beispiel: Chlor. Chloratome bestehen immer aus 17 Protonen und 17 Elektronen. Die Anzahl der Neutronen kann aber 18 bzw. 20 betragen.

b) Magnesiumatome enthalten 12 Protonen. ^{24}Mg-Atome enthalten also 12 Neutronen, ^{25}Mg-Atome 13 Neutronen und ^{26}Mg-Atome 14 Neutronen.

Die mittlere Atommasse beträgt:

$0{,}787 \cdot 24\,u + 0{,}101 \cdot 25\,u + 0{,}112 \cdot 26\,u = 24{,}325\,u$.

18 a)

Verbindung	M (Molare Masse)
Chlorwasserstoff (HCl)	$1\,\frac{g}{mol} + 35{,}5\,\frac{g}{mol} = 36{,}5\,\frac{g}{mol}$
Schwefeldioxid (SO_2)	$32{,}1\,\frac{g}{mol} + 2 \cdot 16\,\frac{g}{mol} = 64{,}1\,\frac{g}{mol}$
Schwefeltrioxid (SO_3)	$32{,}1\,\frac{g}{mol} + 3 \cdot 16\,\frac{g}{mol} = 80{,}1\,\frac{g}{mol}$
Wasser (H_2O)	$2 \cdot 1\,\frac{g}{mol} + 16\,\frac{g}{mol} = 18\,\frac{g}{mol}$
Wasserstoffperoxid (H_2O_2)	$2 \cdot 1\,\frac{g}{mol} + 2 \cdot 16\,\frac{g}{mol} = 34\,\frac{g}{mol}$

b) Es handelt sich um Chlorwasserstoff.

c) $\frac{102\,g}{3\,mol} = 34\,\frac{g}{mol}$. Es handelt sich um Wasserstoffperoxid.

d) $2\,mol \cdot 64{,}1\,\frac{g}{mol} = 128{,}2\,g$. 2 mol Schwefeldioxid haben eine Masse von 128,2 g.

e) $\frac{220\,g}{44\,\frac{g}{mol}} = 5\,mol$. In dem Ballon befinden sich 5 mol Kohlenstoffdioxid.

19 a) $m = M \cdot n = 32\,\frac{g}{mol} \cdot 4\,mol = 128\,g$. 4 mol Schwefel haben eine Masse von 128 g.

b) $n = \frac{m}{M} = \frac{50\,g}{32\,\frac{g}{mol}} = 1{,}5625\,mol$. 50 g Schwefel sind 1,5625 mol.

c) $n = \frac{m}{M} = \frac{75\,g}{32\,\frac{g}{mol}} = 2{,}34375\,mol$

Anzahl der Teilchen: 1 mol entspricht $6 \cdot 10^{23}$ Teilchen,
2,34375 mol entsprechen $2{,}34375 \cdot 6 \cdot 10^{23}$ Teilchen $= 14{,}0625 \cdot 10^{23}$ Teilchen.

75 g Schwefel enthalten $14{,}0625 \cdot 10^{23}$ Teilchen.

20 $n = \frac{m}{M} = \frac{20\,g}{55{,}8\,\frac{g}{mol}} \approx 0{,}3584\,mol$; $0{,}3584 \cdot 6 \cdot 10^{23} = 2{,}1504 \cdot 10^{23}$ Atome

Im Nagel sind $2{,}1504 \cdot 10^{23}$ Atome enthalten.

21 $M(\text{Al}) = \frac{m}{n} = \frac{351\,g}{13\,mol} = 27\,\frac{g}{mol}$

Aluminium hat eine molare Masse von $27\,\frac{g}{mol}$.

22

Element	m (Masse)	M (Molare Masse)	n (Stoffmenge)
Chrom	$52\,\frac{g}{mol} \cdot 12{,}5\,mol = 650\,g$	$52\,\frac{g}{mol}$	12,5 mol
Bor	97,2 g	$\frac{97{,}2\,g}{9\,mol} = 10{,}8\,\frac{g}{mol}$	9 mol
Bismut	40 g	$209\,\frac{g}{mol}$	$\frac{40\,g}{209\,\frac{g}{mol}} \approx 0{,}1914\,mol$

23

Element	m	M	n
Fluor	$m = n \cdot M$ $= 38\,\frac{g}{mol} \cdot 3\,mol$ $= 114\,g$	$38\,\frac{g}{mol}$	3 mol
Brom	1598 g	$M = \frac{m}{n}$ $= \frac{1598\,g}{10\,mol}$ $= 159{,}8\,\frac{g}{mol}$	10 mol
Iod	1522,8 g	$253{,}8\,\frac{g}{mol}$	$n = \frac{m}{M}$ $= \frac{1522{,}8\,g}{253{,}8\,\frac{g}{mol}} = 6\,mol$

24 $V = V_m \cdot n = 24\,\frac{L}{mol} \cdot 4\,mol = 96\,L$

4 mol Sauerstoffgas haben bei Standardbedingungen ein Volumen von 96 L.

25 $n = \frac{V}{V_m} = \frac{40\,L}{24\,\frac{L}{mol}} = \frac{5}{3}\,mol$; Anzahl der Teilchen $= \frac{5}{3} \cdot 6 \cdot 10^{23} = 10^{24}$

Es sind also 10^{24} Neonatome vorhanden.

26

Element	V_m	n	V
Brom	$24\,\frac{L}{mol}$	7 mol	$24\,\frac{L}{mol} \cdot 7\,mol = 168\,L$
Iod	$26\,\frac{L}{mol}$	$\frac{130\,L}{26\,\frac{L}{mol}} = 5\,mol$	130 L
Argon	$\frac{12\,L}{0{,}75\,mol} = 16\,\frac{L}{mol}$	0,75 mol	12 L

27 $n = \frac{V}{V_m} = \frac{10\,000\,L}{24\,\frac{L}{mol}} = \frac{1250}{3}\,mol$; Anzahl der Teilchen $= \frac{1250}{3} \cdot 6 \cdot 10^{23} = 2{,}5 \cdot 10^{26}$

Es sind $2{,}5 \cdot 10^{26}$ Gasteilchen in diesem Gefäß.

28 a) Je wärmer es ist, desto stärker wird die Brown'sche Teilchenbewegung.
Bei 25 °C wird deshalb bei der gleichen Stoffmenge mehr Platz benötigt – das molare Volumen steigt.

b) Es gilt: Je höher die Temperatur, desto höher das molare Volumen. Deshalb ist das molare Volumen bei 40 °C höher.

c) Es gilt: Je höher die Temperatur, desto höher das molare Volumen. Daher ist das molare Volumen bei 100 °C höher als bei 20 °C, und ein Gas benötigt bei 100 °C mehr Platz als bei 20 °C.

29 $c = \frac{n}{V} = \frac{3\,\text{mol}}{4\,\text{L}} = \frac{3}{4}\frac{\text{mol}}{\text{L}}$

Die Lösung hat eine Stoffmengenkonzentration von $\frac{3}{4}\frac{\text{mol}}{\text{L}}$.

30 a) $n = c \cdot V = \frac{1{,}75\,\text{mol}}{\text{L}} \cdot 3\,\text{L} = 5{,}25\,\text{mol}$; Anzahl der Teilchen: $5{,}25 \cdot 6 \cdot 10^{23} = 3{,}15 \cdot 10^{24}$

Es befinden sich $3{,}15 \cdot 10^{24}$ Teilchen in der Lösung.

b) $V = \frac{n}{c} = \frac{2\,\text{mol}}{1{,}75\,\frac{\text{mol}}{\text{L}}} = \frac{8}{7}\,\text{L}$;

Es werden $\frac{8}{7}$ L benötigt.

31

c (Konzentration)	n (Stoffmenge)	V (Volumen)
$2\,\frac{\text{mol}}{\text{L}}$	$\frac{2\,\text{mol}}{\text{L}} \cdot 0{,}15\,\text{L} = 0{,}3\,\text{mol}$	0,15 L
$\frac{1{,}5\,\text{mol}}{4{,}5\,\text{L}} = \frac{1}{3}\frac{\text{mol}}{\text{L}}$	1,5 mol	4,5 L
$0{,}1\,\frac{\text{mol}}{\text{L}}$	0,025 mol	$\frac{0{,}025\,\text{mol}}{0{,}1\,\frac{\text{mol}}{\text{L}}} = 0{,}25\,\text{L}$

32 a) Bei $3\,\frac{\text{mol}}{\text{L}}$ liegen in einem Liter 3 mol vor.

b) $n = 3\,\frac{\text{mol}}{\text{L}} \cdot 5\,\text{L} = 15\,\text{mol}$; Es liegen 15 mol NaOH vor.

c) $\frac{n}{c} = \frac{10\,\text{mol}}{3\,\frac{\text{mol}}{\text{L}}} = \frac{10}{3}\,\text{L}$; Die NaOH muss in $\frac{10}{3}$ L Wasser gelöst werden.

d) $n = \frac{m}{M}$

$M(\text{NaOH}) = 23\,\frac{\text{g}}{\text{mol}} + 16\,\frac{\text{g}}{\text{mol}} + 1\,\frac{\text{g}}{\text{mol}} = 40\,\frac{\text{g}}{\text{mol}}$

$n = c \cdot V = 3\,\frac{\text{mol}}{\text{L}} \cdot 7\,\text{L} = 21\,\text{mol}$

$n \cdot M = m = 21\,\text{mol} \cdot 40\,\frac{\text{g}}{\text{mol}} = 840\,\text{g}$

Es müssen 840 g NaOH gelöst werden.

33 a) $n = c \cdot V = 6\,\frac{\text{mol}}{\text{L}} \cdot 5\,\text{L} = 30\,\text{mol}$

$M(\text{HCl}) = 36{,}5\,\frac{\text{g}}{\text{mol}}$

$m = n \cdot M \Rightarrow m = 30\,\text{mol} \cdot 36{,}5\,\frac{\text{g}}{\text{mol}} = 1095\,\text{g}$

Es wurden 1095 g HCl eingeleitet.

b) $n = c \cdot V = 6\,\frac{\text{mol}}{\text{L}} \cdot 10\,\text{L} = 60\,\text{mol}$

In 10 L liegen 60 mol HCl vor.

34 Gegeben: $V(\text{Natronlauge}) = 30\,\text{mL}$, $c = 1\,\frac{\text{mol}}{\text{L}}$, $M(\text{NaOH}) = 40\,\frac{\text{g}}{\text{mol}}$

Gesucht: $m(\text{NaOH})$

Bekannt: $n = \frac{m}{M}$, $c = \frac{n}{V}$

Überlegung: Um eine Formel nutzen zu können, darf nur eine Unbekannte vorkommen. Gesucht ist die Masse. In der Formel $n = \frac{m}{M}$ kommen aber zwei Unbekannte vor. Also muss n zuerst anders bestimmt werden.
Mit $c = \frac{n}{V}$ kannst du die notwendige Stoffmenge berechnen. Diese kann dann in die Formel $n = \frac{m}{M}$ eingesetzt werden, um die Masse zu berechnen.

Lösung: $n = c \cdot V = 1\,\frac{\text{mol}}{\text{L}} \cdot 0{,}03\,\text{L} = 0{,}03\,\text{mol}$

$m = n \cdot M = 0{,}03\,\text{mol} \cdot 40\,\frac{\text{g}}{\text{mol}} = \frac{6}{5}\,\text{g} = 1{,}2\,\text{g}$

Es müssen 1,2 g Natriumhydroxid verwendet werden.

35 Gegeben: $V(\text{Kalkwasser}) = 0{,}75\,\text{L}$, $c = 0{,}2\,\frac{\text{mol}}{\text{L}}$, $M(\text{Ca(OH)}_2) = 74{,}1\,\frac{\text{g}}{\text{mol}}$

Gesucht: $m(\text{Ca(OH)}_2)$

Lösung: $n = c \cdot V = 0{,}2\,\frac{\text{mol}}{\text{L}} \cdot 0{,}75\,\text{L} = 0{,}15\,\text{mol}$

$m = n \cdot M = 0{,}15\,\text{mol} \cdot 74{,}1\,\frac{\text{g}}{\text{mol}} = 11{,}115\,\text{g}$

Es müssen 11,115 g Calciumhydroxid verwendet werden.

36 Gegeben: $V(\text{Natronlauge}) = 0{,}3\,\text{L}$, $n = 4\,\text{mol}$

Gesucht: $c(\text{NaOH})$

Lösung: $c = \frac{n}{V} = \frac{4\,\text{mol}}{0{,}3\,\text{L}} = \frac{40}{3}\,\frac{\text{mol}}{\text{L}} \approx 13{,}333\,\frac{\text{mol}}{\text{L}}$

Die Natronlauge hat eine Konzentration von ca. $13{,}333\,\frac{\text{mol}}{\text{L}}$.

37 Gegeben: $V = 0{,}2\,\text{L}$, $m = 230\,\text{g}$, $M(\text{NaCl}) = 58{,}5\,\frac{\text{g}}{\text{mol}}$

Gesucht: $c(\text{NaCl})$

Lösung: $n = \frac{m}{M} = \frac{230\,\text{g}}{58{,}5\,\frac{\text{g}}{\text{mol}}} \approx 3{,}93\,\text{mol}$

$c = \frac{n}{V} = \frac{3{,}93\,\text{mol}}{0{,}2\,\text{L}} \approx 19{,}7\,\frac{\text{mol}}{\text{L}}$

Die Kochsalzlösung hat eine Konzentration von ungefähr $19{,}7\,\frac{\text{mol}}{\text{L}}$.

38 Gegeben: $c = 0{,}1\,\frac{\text{mol}}{\text{L}}$, $m = 58{,}5\,\text{g}$, $M(\text{NaCl}) = 58{,}5\,\frac{\text{g}}{\text{mol}}$

Lösung: $n = \frac{m}{M} = \frac{58{,}5\,\text{g}}{58{,}5\,\frac{\text{g}}{\text{mol}}} = 1\,\text{mol}$

$V = \frac{n}{c} = \frac{1\,\text{mol}}{0{,}1\,\frac{\text{mol}}{\text{L}}} = 10\,\text{L}$

Das Kochsalz muss in 10 L Wasser gelöst werden.

39 a) Reaktionsgleichung: $H_3O^+ + Cl^- + Na^+ + OH^- \longrightarrow 2\,H_2O + Na^+ + Cl^-$

Oder abgekürzt: $HCl_{(aq)} + NaOH_{(aq)} \longrightarrow NaCl_{(aq)} + H_2O$

Bzw.: $HCl + NaOH \longrightarrow NaCl + H_2O$

b) $n(\text{NaOH}) = c \cdot V = 2\,\frac{\text{mol}}{\text{L}} \cdot 2\,\text{L} = 4\,\text{mol} \quad \Rightarrow \quad n(\text{HCl}) = 4\,\text{mol}$

$c(\text{HCl}) = 3\,\frac{\text{mol}}{\text{L}} \quad \Rightarrow \quad V = \frac{n}{c} = \frac{4\,\text{mol}}{3\,\frac{\text{mol}}{\text{L}}} = \frac{4}{3}\,\text{L}$

Es müssen $\frac{4}{3}$ L Salzsäure zugegeben werden.

c) $n(\text{HCl}) = c \cdot V = 3\,\frac{\text{mol}}{\text{L}} \cdot 7\,\text{L} = 21\,\text{mol} \quad \Rightarrow \quad n(\text{NaOH}) = 21\,\text{mol}$

$c(\text{NaOH}) = 2\,\frac{\text{mol}}{\text{L}} \quad \Rightarrow \quad V = \frac{n}{c} = \frac{21\,\text{mol}}{2\,\frac{\text{mol}}{\text{L}}} = 10{,}5\,\text{L}$

Zur Neutralisation müssen 10,5 L Natronlauge zugegeben werden.

d) $n(\text{NaOH}) = c \cdot V = 2\,\frac{\text{mol}}{\text{L}} \cdot 4\,\text{L} = 8\,\text{mol} \quad \Rightarrow \quad n(\text{HCl}) = 8\,\text{mol}$

$c(\text{HCl}) = 5\,\frac{\text{mol}}{\text{L}} \quad \Rightarrow \quad V = \frac{n}{c} = \frac{8\,\text{mol}}{5\,\frac{\text{mol}}{\text{L}}} = \frac{8}{5}\,\text{L}$

Es müssen $\frac{8}{5}$ L Salzsäure zugegeben werden.

40 a) Siehe Aufgabe 39 a).

b) $n(\text{NaOH}) = c \cdot V = 3\,\frac{\text{mol}}{\text{L}} \cdot 2\,\text{L} = 6\,\text{mol} \quad \Rightarrow \quad n(\text{HCl}) = 6\,\text{mol}$

$c(\text{HCl}) = 6\,\frac{\text{mol}}{\text{L}} \quad \Rightarrow \quad V = \frac{n}{c} = \frac{6\,\text{mol}}{6\,\frac{\text{mol}}{\text{L}}} = 1\,\text{L}$

Die Lösung wird neutral, wenn 1 L Salzsäure zugegeben wird.

41 $n(\text{HCl}) = c \cdot V = 2\,\frac{\text{mol}}{\text{L}} \cdot 5\,\text{L} = 10\,\text{mol} \quad \Rightarrow \quad n(\text{NaOH}) = 10\,\text{mol}$

$V(\text{NaOH}) = 10\,\text{L} \quad \Rightarrow \quad c = \frac{n}{V} = \frac{10\,\text{mol}}{10\,\text{L}} = 1\,\frac{\text{mol}}{\text{L}}$

Die Natronlauge hat die Konzentration $1\,\frac{\text{mol}}{\text{L}}$.

42 $n(\text{HCl}) = c \cdot V = 2\,\frac{\text{mol}}{\text{L}} \cdot 8\,\text{L} = 16\,\text{mol} \quad \Rightarrow \quad n(\text{NaOH}) = 16\,\text{mol}$

$V(\text{NaOH}) = 10\,\text{L} \quad \Rightarrow \quad c = \frac{n}{V} = \frac{16\,\text{mol}}{10\,\text{L}} = 1{,}6\,\frac{\text{mol}}{\text{L}}$

Die Natronlauge hat die Konzentration $1{,}6\,\frac{\text{mol}}{\text{L}}$.

43 $n(\text{HCl}) = c \cdot V = 3\,\frac{\text{mol}}{\text{L}} \cdot 4\,\text{L} = 12\,\text{mol} \quad \Rightarrow \quad n(\text{NaOH}) = 12\,\text{mol}$

$V(\text{NaOH}) = 10\,\text{L} \quad \Rightarrow \quad c = \frac{n}{V} = \frac{12\,\text{mol}}{10\,\text{L}} = \frac{6}{5}\,\frac{\text{mol}}{\text{L}}$

Die Natronlauge hat die Konzentration $\frac{6}{5}\,\frac{\text{mol}}{\text{L}} = 1{,}2\,\frac{\text{mol}}{\text{L}}$.

44 a) $Na^+ + OH^- + H_3O^+ + Cl^- \longrightarrow Na^+ + Cl^- + 2\,H_2O$

b) $c = \frac{n}{V} \quad \Rightarrow \quad n(\text{HCl}) = 2\,\frac{\text{mol}}{\text{L}} \cdot 0{,}0125\,\text{L} = 0{,}0250\,\text{mol}$ (H_3O^+-Ionen)

$n(H_3O^+) = n(OH^-) \quad \Rightarrow \quad c(\text{NaOH}) = \frac{0{,}025\,\text{mol}}{0{,}005\,\text{L}} = 5\,\frac{\text{mol}}{\text{L}}$

Die Natronlauge hat die Konzentration $5\,\frac{\text{mol}}{\text{L}}$.

45 a) $K^+ + OH^- + H_3O^+ + Cl^- \longrightarrow K^+ + Cl^- + 2\,H_2O$

b) $c = \frac{n}{V} \quad \Rightarrow \quad n(\text{HCl}) = 0{,}5\,\frac{\text{mol}}{\text{L}} \cdot 0{,}014\,\text{L} = 0{,}007\,\text{mol}$ (H_3O^+-Ionen)

$n(H_3O^+) = n(OH^-) \quad \Rightarrow \quad c(\text{KOH}) = \frac{0{,}007\,\text{mol}}{0{,}007\,\text{L}} = 1\,\frac{\text{mol}}{\text{L}}$

Die Kalilauge hat die Konzentration $1\,\frac{\text{mol}}{\text{L}}$.

46 a) $Na^+ + OH^- + H_3O^+ + F^- \longrightarrow Na^+ + F^- + 2\,H_2O$

b) $c = \frac{n}{V} \quad \Rightarrow \quad n(\text{NaOH}) = 2{,}4\,\frac{\text{mol}}{\text{L}} \cdot 0{,}0051\,\text{L} = 0{,}01224\,\text{mol}$ (OH^--Ionen)

$n(H_3O^+) = n(OH^-) \quad \Rightarrow \quad c(\text{HF}) = \frac{0{,}01224\,\text{mol}}{0{,}008\,\text{L}} = 1{,}53\,\frac{\text{mol}}{\text{L}}$

Die Flusssäure hat die Konzentration $1{,}53\,\frac{\text{mol}}{\text{L}}$.

47 a) $Ca^{2+} + 2\,OH^- + 2\,H_3O^+ + 2\,Cl^- \longrightarrow Ca^{2+} + 2\,Cl^- + 4\,H_2O$

b) $c = \frac{n}{V} \Rightarrow n(HCl) = 3\,\frac{mol}{L} \cdot 0{,}0125\,L = 0{,}0375\,mol$ (H_3O^+-Ionen)

$n(H_3O^+) = n(OH^-) = 0{,}0375\,mol$

In den 10 mL wurden also 0,01875 mol Calciumhydroxid gelöst.

Die Konzentration der Lösung beträgt:

$c(Ca(OH)_2) = \frac{0{,}01875\,mol}{0{,}01\,L} = 1{,}875\,\frac{mol}{L}$

Achtung:
Die Verhältnisformel von Calciumhydroxid lautet $Ca(OH)_2$.
Das heißt: Es sind pro Calcium-Ion zwei Hydroxid-Ionen vorhanden.
Liegen 0,0375 mol Hydroxid-Ionen vor, handelt es sich also um

$\frac{0{,}0375\,mol}{2} = 0{,}01875\,mol$ Calciumhydroxid.

48 a) $\varrho = \frac{m}{V} = \frac{1000\,g}{1000\,mL} = 1\,\frac{g}{mL}$

b) $\varrho = \frac{m}{V} = \frac{1000\,g}{1000\,mL} = \frac{1000\,g}{1\,L} = 1000\,\frac{g}{L}$

c) $\varrho = \frac{m}{V} = \frac{1000\,g}{1000\,mL} = \frac{1000\,g}{1000\,cm^3} = 1\,\frac{g}{cm^3}$

d) $\varrho = \frac{m}{V} = \frac{1000\,g}{1000\,mL} = \frac{1000\,g}{1000\,cm^3} = \frac{1\,kg}{1\,dm^3} = \frac{1\,kg}{0{,}001\,m^3} = 1000\,\frac{kg}{m^3}$

49 Es gilt: $1\,\frac{g}{L} = 1\,\frac{kg}{m^3} = 0{,}001\,\frac{g}{cm^3} = 0{,}001\,\frac{g}{mL}$

Also ergibt sich für die Dichte des Stoffes:

$3000\,\frac{g}{L} = 3000\,\frac{kg}{m^3} = 3\,\frac{g}{cm^3} = 3\,\frac{g}{mL}$

50 a) Dass Wasser bei 4 °C die höchste Dichte besitzt, bedeutet, dass die Teilchen bei dieser Temperatur besonders eng aneinander sind; enger als bei anderen Temperaturen. Die Lücken zwischen den Teilchen sind dann sehr klein.
Bei Wasser mit 0 °C sind die Lücken zwischen den Teilchen ein wenig größer als bei 4 °C, da die Dichte von Wasser bei 0 °C kleiner ist. In einem See steigt die Dichte von oben nach unten. Je enger die Teilchen beisammen sind, desto besser können sie sich unten absetzen. Deshalb kann es vorkommen, dass ein See auf der Oberfläche eine Eisschicht hat und das Wasser darunter noch flüssig ist. Dann liegt beispielsweise auf der Oberfläche eine Temperatur von 0 °C vor und darunter steigt die Temperatur (bis auf 4 °C) und damit die Dichte.
Wird die Temperatur von Wasser größer als 4 °C, so sinkt die Dichte wieder. Bei 8 °C ist die Dichte von Wasser etwa gleich groß wie bei 0 °C. Im Sommer, wenn der See wärmer ist, tritt also die Anomalie des Wassers nicht auf. Da die Temperatur des Wassers im See im Sommer größer als 4 °C ist, sinkt die Temperatur von oben nach unten.
Hinweis: Üblicherweise hat ein Stoff bei geringerer Temperatur eine größere Dichte. Wasser bildet hier eine Ausnahme.

b) Unterhalb der Oberfläche des Sees wäre die Dichte des Wassers größer, es wäre also kälter. Wenn bereits auf der Oberfläche eine Eisschicht ist, wäre folglich auch der restliche See gefroren.

51 a) Je wärmer ein Stoff, desto schneller bewegen sich die Teilchen und desto größer werden die Abstände zwischen den Teilchen. Die kleinsten Teilchen der kälteren Luft haben demnach kleinere Abstände. Je mehr Teilchen pro Volumen vorkommen, desto größer ist die Dichte.

b) Stoffe mit größerer Dichte setzen sich unten ab. Unten ist es also kälter als oben.

2 Verhältnisformeln und Reaktionsgleichungen

1 a) $\frac{m(\text{B})}{m(\text{A})} = \frac{6\,\text{g}}{4\,\text{g}} = \frac{3}{2}$ Das Massenverhältnis A:B ist 2:3.

b) $\frac{m(\text{B})}{5\,\text{g}} = \frac{3}{2} \quad | \cdot 5\,\text{g}$

$m(\text{B}) = \frac{15}{2}\,\text{g} = 7{,}5\,\text{g}$ Es sind 7,5 g B notwendig.

2 $\frac{m(\text{B})}{m(\text{A})} = \frac{3}{4} \Rightarrow \frac{m(\text{A})}{m(\text{B})} = \frac{4}{3} \quad | \cdot m(\text{B})$

$m(\text{A}) = \frac{4}{3} \cdot m(\text{B}) = \frac{4}{3} \cdot 5\,\text{g} = \frac{20}{3}\,\text{g}$

Es werden $\frac{20}{3}\,\text{g} \approx 6{,}66\,\text{g}$ A benötigt.

3 a) A_4B_3 b) A_2B c) A_2B_3 d) AB_3 e) AB_3

4 a) $\frac{m(\text{Zn})}{m(\text{S})} = \frac{204\,\text{g}}{100\,\text{g}} = 2{,}04$

Das Massenverhältnis Zn:S ist 2,04.

B) $\frac{m(\text{1 Zinkatom})}{m(\text{1 Schwefelatom})} = \frac{65{,}4\,\text{u}}{32{,}1\,\text{u}} \approx 2{,}04$

Das Verhältnis der Atommasse von Zn zu der Atommasse von S ist 2,04.

c) $\frac{\text{Massenverhältnis}}{\text{Verhältnis der Atommassen}} = \frac{2{,}04}{2{,}04} = x = 1$

Das Anzahlverhältnis von Zn zu S ist 1.

d) Die Verhältnisformel lautet ZnS.

5 Verhältnis der Atommassen: $\frac{m(\text{1 Silberatom})}{m(\text{1 Schwefelatom})} = \frac{107{,}9\,\text{u}}{32{,}1\,\text{u}} \approx 3{,}36$

Anzahlverhältnis: $\frac{\text{Massenverhältnis}}{\text{Verhältnis der Atommassen}} = \frac{6{,}37}{3{,}36} = x \approx 1{,}9$

Verhältnisformel: 1,9 ist nah an 2, also lautet die Verhältnisformel Ag_2S.

6 a) Das Massenverhältnis beträgt: $\frac{m(\text{reagiertes Kupfer})}{m(\text{reagierter Schwefel})} = \frac{79{,}2\,\text{g}}{20\,\text{g}} = 3{,}96$

Nun werden 30 g Schwefel eingesetzt. Du kannst berechnen, wie viel Gramm Kupfer reagieren:

$\frac{m(\text{Cu})}{30\,\text{g}} = 3{,}96 \quad | \cdot 30\,\text{g}$

$m(\text{Cu}) = 118{,}8\,\text{g}$

Es reagieren also 118,8 g. Folglich haben 1,2 g Kupfer nicht reagiert.

b) Verhältnis der Atommassen: $\frac{m(\text{1 Kupferatom})}{m(\text{1 Schwefelatom})} = \frac{63{,}5\,\text{u}}{32{,}1\,\text{u}} \approx 1{,}98$

Anzahlverhältnis: $\frac{\text{Massenverhältnis}}{\text{Verhältnis der Atommassen}} = \frac{3{,}96}{1{,}98} = x = 2$

Die Verhältnisformel lautet demnach Cu_2S.

7 Verhältnis der einzelnen Atommassen:

$\frac{m(\text{1 Eisenatom})}{m(\text{1 Schwefelatom})} = \frac{55{,}8\,\text{u}}{32{,}1\,\text{u}} \approx 1{,}74$

$\frac{\text{Massenverhältnis}}{\text{Verhältnis der Atommassen}} = \frac{\text{Massenverhältnis}}{1{,}74} = 0{,}5 \quad | \cdot 1{,}74$

Massenverhältnis = 0,87

8 a) $\overset{+II}{Mg_3}\,\overset{-III}{N_2}$ b) $\overset{+I}{Li_2}\,\overset{-II}{S}$ c) $\overset{+II}{Be}\,\overset{-II}{O}$

d) $\overset{+III}{Al}\,\overset{-I}{F_3}$ e) $\overset{+III}{Al_2}\,\overset{-II}{O_3}$ f) $\overset{+II}{Ca}\,\overset{-I}{Cl_2}$

9 a) I^- b) P^{3-} c) Na^+

d) K^+ e) Mg^{2+} f) Br^-

10 a) MgI_2 b) CaO c) Na_2S

d) $AlCl_3$ e) K_3N f) Al_2O_3

g) Ca_3N_2 h) LiF

11 a) $2\,Al + 3\,S \longrightarrow Al_2S_3$ b) $3\,Mg + N_2 \longrightarrow Mg_3N_2$

c) $3\,Li + P \longrightarrow Li_3P$ d) $Ca + Cl_2 \longrightarrow CaCl_2$

e) $2\,Ca + O_2 \longrightarrow 2\,CaO$ f) $2\,Al + 3\,F_2 \longrightarrow 2\,AlF_3$

g) $4\,Na + O_2 \longrightarrow 2\,Na_2O$ h) $Mg + Br_2 \longrightarrow MgBr_2$

i) $4\,Al + 3\,O_2 \longrightarrow 2\,Al_2O_3$ j) $2\,K + I_2 \longrightarrow 2\,KI$

k) $6\,Li + N_2 \longrightarrow 2\,Li_3N$ l) $2\,Al + N_2 \longrightarrow 2\,AlN$

12 a) $2\,Mg + O_2 \longrightarrow 2\,MgO$
b) $3\,Na + P \longrightarrow Na_3P$
c) $2\,Li + S \longrightarrow Li_2S$
d) $2\,Al + 3\,Br_2 \longrightarrow 2\,AlBr_3$
e) $2\,K + F_2 \longrightarrow 2\,KF$
f) $Mg + F_2 \longrightarrow MgF_2$

13 a) $n(B) = \frac{1}{3}$ mol, $n(C) = \frac{2}{15}$ mol, $n(D) = 0{,}4$ mol

Begründung:

$\frac{n(B)}{n(A)} = \frac{5}{3}$, wenn nun $n(A) = 0{,}2$ mol, lässt sich $n(B)$ berechnen:

$n(B) = \frac{5}{3} \cdot n(A) = \frac{5}{3} \cdot 0{,}2\text{ mol} = \frac{1}{3}\text{ mol}$

$\frac{n(C)}{n(A)} = \frac{2}{3}$, wenn nun $n(A) = 0{,}2$ mol, lässt sich $n(C)$ berechnen:

$n(C) = \frac{2}{3} \cdot n(A) = \frac{2}{3} \cdot 0{,}2\text{ mol} = \frac{2}{15}\text{ mol}$

$\frac{n(D)}{n(A)} = \frac{6}{3} = 2$, wenn nun $n(A) = 0{,}2$ mol, lässt sich $n(D)$ berechnen:

$n(D) = 2 \cdot n(A) = 2 \cdot 0{,}2\text{ mol} = 0{,}4\text{ mol}$

b) $n(A) = \frac{3}{10}$ mol, $n(C) = \frac{1}{5}$ mol, $n(D) = \frac{3}{5}$ mol

c) $n(A) = \frac{3}{5}$ mol, $n(B) = 1$ mol, $n(D) = 1{,}2$ mol

d) $n(A) = 1{,}5$ mol, $n(B) = \frac{5}{2}$ mol, $n(C) = 1$ mol

14 a) $n(B) = 2$ mol, $n(C) = 6$ mol, $n(D) = 4$ mol

b) $n(A) = 4$ mol, $n(C) = 6$ mol, $n(D) = 4$ mol

c) $n(A) = \frac{10}{3}$ mol, $n(B) = \frac{5}{3}$ mol, $n(D) = \frac{10}{3}$ mol

d) $n(A) = 0{,}7$ mol, $n(B) = 0{,}35$ mol, $n(C) = \frac{21}{20}$ mol

15 a) $n(O_2) = \frac{3}{2}$ mol, $n(Al_2O_3) = 1$ mol

b) $n(Al) = \frac{2}{5}$ mol, $n(Al_2O_3) = \frac{1}{5}$ mol

c) $n(Al) = 14$ mol, $n(O_2) = \frac{21}{2}$ mol

16 a) $n(Fe_3O_4) = \frac{1}{8}\,mol,\ \ n(Li_2O) = 0{,}5\,mol,\ \ n(Fe) = \frac{3}{8}\,mol$

b) $n(Li) = 1{,}6\,mol,\ \ n(Li_2O) = 0{,}8\,mol,\ \ n(Fe) = 0{,}6\,mol$

c) $n(Fe_3O_4) = \frac{3}{4}\,mol,\ \ n(Li) = 6\,mol$

d) $n(Fe_3O_4) = \frac{2}{3}\,mol,\ \ n(Li) = \frac{16}{3}\,mol$

e) $M(Fe_3O_4) = 231{,}4\,\frac{g}{mol},\ \ m(Fe_3O_4) = 5\,g \quad \Rightarrow \quad n = \frac{m}{M} = \frac{5\,g}{231{,}4\,\frac{g}{mol}} = \frac{25}{1157}\,mol$

$$\Rightarrow \quad n(Li) = 8 \cdot n(Fe_3O_4) = 8 \cdot \left(\frac{25}{1157}\,mol\right) = \frac{200}{1157}\,mol$$

$$n(Li_2O) = 4 \cdot n(Fe_3O_4) = 4 \cdot \left(\frac{25}{1157}\,mol\right) = \frac{100}{1157}\,mol$$

$$n(Fe) = 3 \cdot n(Fe_3O_4) = 3 \cdot \left(\frac{25}{1157}\,mol\right) = \frac{75}{1157}\,mol$$

f) $M(Li) = 6{,}9\,\frac{g}{mol},\ \ m(Li) = 3\,g \quad \Rightarrow \quad n = \frac{m}{M} = \frac{3\,g}{6{,}9\,\frac{g}{mol}} = \frac{10}{23}\,mol$

$$\Rightarrow \quad n(Fe_3O_4) = \frac{1}{8} \cdot n(Li) = \frac{1}{8} \cdot \left(\frac{10}{23}\,mol\right) = \frac{5}{92}\,mol,$$

$$n(Li_2O) = \frac{1}{2} \cdot n(Li) = \frac{1}{2} \cdot \left(\frac{10}{23}\,mol\right) = \frac{5}{23}\,mol,$$

$$n(Fe) = \frac{3}{8} \cdot n(Li) = \frac{3}{8} \cdot \left(\frac{10}{23}\,mol\right) = \frac{15}{92}\,mol$$

$$\Rightarrow \quad m(Fe_3O_4) = n \cdot M = \frac{5}{92}\,mol \cdot 231{,}4\,\frac{g}{mol} = \frac{1157}{92}\,g$$

$$m(Li_2O) = n \cdot M = \frac{5}{23}\,mol \cdot 29{,}8\,\frac{g}{mol} = \frac{149}{23}\,g$$

$$m(Fe) = n \cdot M = \frac{15}{92}\,mol \cdot 55{,}8\,\frac{g}{mol} = \frac{837}{92}\,g$$

g) $m(Fe) = 2000\,g,\ \ M(Fe) = 55{,}8\,\frac{g}{mol} \quad \Rightarrow \quad n = \frac{m}{M} = \frac{2000}{55{,}8}\,mol = \frac{10\,000}{279}\,mol$

$$\Rightarrow \quad n(Li) = \frac{80000}{837}\,mol,\ \ M(Li) = 6{,}9\,\frac{g}{mol}$$

$$\Rightarrow \quad m = n \cdot M = \frac{80000}{837}\,mol \cdot 6{,}9\,\frac{g}{mol} \approx 659{,}50\,g$$

Es werden etwa 659,50 g Lithium benötigt.

h) $m(Li_2O) = 10\,g,\ M(Li_2O) = 29{,}8\,\frac{g}{mol}$

$$\Rightarrow \quad n = \frac{m}{M} = \frac{50}{149}\,mol$$

$$\Rightarrow \quad n(Li) = \frac{100}{149}\,mol;\ M(Li) = 6{,}9\,\frac{g}{mol}$$

$$\Rightarrow \quad m = n \cdot M = \frac{690}{149}\,g$$

$$= 4{,}63\,g$$

Es werden etwa 4,63 g Lithium benötigt.

17 $4\,Ca + Fe_3O_4 \longrightarrow 4\,CaO + 3\,Fe$

$m(Fe) = 50\,g,\ M(Fe) = 55{,}8\,\frac{g}{mol} \quad \Rightarrow \quad n = \frac{m}{M} = \frac{50}{55{,}8}\,mol = \frac{250}{279}\,mol$

$\Rightarrow \quad n(Ca) = \frac{4}{3} \cdot n(Fe) = \frac{4}{3} \cdot \left(\frac{250}{279}\,mol\right) = \frac{1000}{837}\,mol$

$M(Ca) = 40{,}1\,\frac{g}{mol} \quad \Rightarrow \quad m = n \cdot M \approx 47{,}91\,g$

$\Rightarrow \quad n(Fe_3O_4) = \frac{1}{3} \cdot n(Fe) = \frac{1}{3} \cdot \left(\frac{250}{279}\,mol\right) = \frac{250}{837}\,mol$

$M(Fe_3O_4) = 231{,}4\,\frac{g}{mol} \quad \Rightarrow \quad m = n \cdot M \approx 69{,}16\,g$

Es werden etwa 47,91 g Calcium und 69,16 g Eisenoxid benötigt.

18 $H_2 + Cl_2 \longrightarrow 2\,HCl$

$V(HCl) = 30\,L,\ V_m = 24\,\frac{L}{mol} \quad \Rightarrow \quad n = \frac{V}{V_m} = \frac{30\,L}{24\,\frac{L}{mol}} = \frac{5}{4}\,mol$

$\Rightarrow \quad n(H_2) = \frac{1}{2} \cdot n(HCl) = \frac{1}{2} \cdot \frac{5}{4}\,mol = \frac{5}{8}\,mol = n(Cl_2)$

$V(H_2) = n \cdot V_m = \frac{5}{8}\,mol \cdot 24\,\frac{L}{mol} = V(Cl_2) = 15\,L$

Zu Beginn sind jeweils 15 L an Wasserstoff und Chlorgas vorhanden.

19 $3\,H_2 + N_2 \longrightarrow 2\,NH_3$

$V(NH_3) = 0{,}02\,L,\ V_m = 24\,\frac{L}{mol} \quad \Rightarrow \quad n = \frac{V}{V_m} = \frac{0{,}02\,L}{24\,\frac{L}{mol}} = \frac{1}{1200}\,mol$

$n(H_2) = \frac{1}{800}\,mol,\ V_m = 24\,\frac{L}{mol} \quad \Rightarrow \quad V(H_2) = n \cdot V_m = \frac{1}{800}\,mol \cdot 24\,\frac{L}{mol} = \frac{3}{100}\,L$

$n(N_2) = \frac{1}{2400}\,mol,\ V_m = 24\,\frac{L}{mol} \quad \Rightarrow \quad V(N_2) = n \cdot V_m = \frac{1}{2400}\,mol \cdot 24\,\frac{L}{mol} = \frac{1}{100}\,L$

Für die Reaktion sind 0,03 L Wasserstoff und 0,01 L Stickstoff notwendig.

20 a) Es gilt: $Br_2 + C_8H_{18} \longrightarrow C_8H_{17}Br + HBr$

Das heißt: Es werden gleich viele Moleküle Octan wie Brom benötigt. Die **Stoffmenge** an Octan entspricht also der Stoffmenge an Brom.

Stoffmenge an Octan berechnen:

$m = 50\,\text{g},\ M = 114\,\frac{\text{g}}{\text{mol}};\quad n = \frac{m}{M} = \frac{50\,\text{g}}{114\,\frac{\text{g}}{\text{mol}}} = \frac{25}{57}\,\text{mol} \approx 0{,}44\,\text{mol}$

Damit ist auch von Brom die Stoffmenge bekannt. Außerdem ist die molare Masse bekannt. Also kann die Masse berechnet werden:

$n = \frac{25}{57}\,\text{mol},\ M = 159{,}8\,\frac{\text{g}}{\text{mol}};\quad m = n \cdot M = \frac{25}{57}\,\text{mol} \cdot 159{,}8\,\frac{\text{g}}{\text{mol}} \approx 70{,}09\,\text{g}$

Es werden ungefähr 70,09 g Brom benötigt.

b) Es gilt: $V = V_m \cdot n$. Bei Standardbedingungen gilt: $V_m = 24\,\frac{\text{L}}{\text{mol}}$

$V = 24\,\frac{\text{L}}{\text{mol}} \cdot \frac{25}{57}\,\text{mol} = \frac{200}{19}\,\text{L} \approx 10{,}5\,\text{L}$

Das Volumen an Brom sind etwa 10,5 L.

c) Die Stoffmengen von Bromoctan und Bromwasserstoff entsprechen ebenfalls den Stoffmengen von Brom bzw. Octan (siehe Reaktionsgleichung). Über die molaren Massen werden die Massen berechnet:

Bromoctan: $m = \frac{25}{57}\,\text{mol} \cdot 192{,}9\,\frac{\text{g}}{\text{mol}} \approx 84{,}61\,\text{g}$

Bromwasserstoff: $m = \frac{25}{57}\,\text{mol} \cdot 80{,}9\,\frac{\text{g}}{\text{mol}} \approx 35{,}48\,\text{g}$

Es entstehen ungefähr 84,61 g Bromoctan und 35,48 g Bromwasserstoff.

21 Es gilt: $Cl_2 + C_2H_6 \longrightarrow C_2H_5Cl + HCl$

Gegeben zu Chlor: $V = 0{,}02\,\text{L},\ V_m = 24\,\frac{\text{L}}{\text{mol}}$

$n = \frac{V}{V_m} = \frac{0{,}02\,\text{L}}{24\,\frac{\text{L}}{\text{mol}}} = \frac{1}{1200}\,\text{mol}$

Es gilt: $n(\text{Chlorethan}) = n(\text{Chlor})$. Es werden also $\frac{1}{1200}$ mol Chlorethan gebildet.

Die molare Masse von Chlorethan beträgt $M = 64{,}5\,\frac{\text{g}}{\text{mol}}$.

Die Masse lässt sich berechnen durch $m = n \cdot M$.

$m = \frac{1}{1200}\,\text{mol} \cdot 64{,}5\,\frac{\text{g}}{\text{mol}} = \frac{43}{800}\,\text{g} \approx 0{,}054\,\text{g}$

Es entstehen ungefähr 0,054 g Chlorethan.

22 Reaktionsgleichung: $C_3H_8 + Cl_2 \longrightarrow C_3H_7Cl + HCl$

Gegeben zu Chlorpropan: $m = 1000\,g$, $M = 78{,}5\,\frac{g}{mol}$

$n = \frac{m}{M} = \frac{1000\,g}{78{,}5\,\frac{g}{mol}} = \frac{2000}{157}\,mol$

Es gilt: $n(\text{Chlorpropan}) = n(\text{Propan}) = n(\text{Chlor})$.

Berechnung der Masse von Propan:

$n = \frac{2000}{157}\,mol$, $M = 44\,\frac{g}{mol}$; $m = \frac{2000}{157}\,mol \cdot 44\,\frac{g}{mol} \approx 560{,}51\,g$

Berechnung der Masse von Chlor:

$n = \frac{2000}{157}\,mol$, $M = 71\,\frac{g}{mol}$; $m = \frac{2000}{157}\,mol \cdot 71\,\frac{g}{mol} \approx 904{,}46\,g$

Es müssen ungefähr 560,51 g Propan und 904,46 g Chlor eingesetzt werden.

23 Reaktionsgleichung: $C_2H_4 + Br_2 \longrightarrow C_2H_4Br_2$

Das Stoffmengenverhältnis von Brom und Ethen beträgt: $\frac{n(Br_2)}{n(C_2H_4)} = 1$.

Also entspricht die Stoffmenge von Ethen der Stoffmenge von Brom.

Berechnung der Stoffmenge von Ethen: $V = 0{,}1\,L$, $V_m = 24\,\frac{L}{mol}$

$n = \frac{V}{V_m} = \frac{0{,}1\,L}{24\,\frac{L}{mol}} = \frac{1}{240}\,mol$

Berechnung der Masse an Brom:

$M = 159{,}8\,\frac{g}{mol}$, $n = \frac{1}{240}\,mol$; $m = n \cdot M = \frac{1}{240}\,mol \cdot 159{,}8\,\frac{g}{mol} \approx 0{,}67\,g$

Es werden 0,67 g Brom benötigt.

24 Reaktionsgleichung: $2\,C_4H_{10} + 13\,O_2 \longrightarrow 8\,CO_2 + 10\,H_2O$

Gegeben für Kohlenstoffdioxid: $V = 2\,L$, $V_m = 24\,\frac{L}{mol}$

$n = \frac{V}{V_m} = \frac{2\,L}{24\,\frac{L}{mol}} = \frac{1}{12}\,mol$

Stoffmengenverhältnis Kohlenstoffdioxid : Butan

$\frac{n(CO_2)}{n(C_4H_{10})} = \frac{8}{2} = 4 \Rightarrow n(C_4H_{10}) = \frac{n(CO_2)}{4} = \frac{\frac{1}{12}\,mol}{4} = \frac{1}{48}\,mol$

$M(C_4H_{10}) = 58\,\frac{g}{mol}$

$m(C_4H_{10}) = n \cdot M = \frac{1}{48}\,mol \cdot 58\,\frac{g}{mol} = \frac{58}{48}\,g \approx 1{,}21\,g$

Es verbrennen 1,21 g Butan.

25 Reaktionsgleichung: $2\ C_4H_{10} + 13\ O_2 \longrightarrow 8\ CO_2 + 10\ H_2O$

Gegeben für Butan: $V = 0{,}05\ \text{L},\ V_m = 24\ \frac{\text{L}}{\text{mol}}$

$$n = \frac{V}{V_m} = \frac{0{,}05\ \text{L}}{24\ \frac{\text{L}}{\text{mol}}} = \frac{1}{480}\ \text{mol}$$

Stoffmengenverhältnis Sauerstoff : Butan

$$\frac{n(O_2)}{n(C_4H_{10})} = \frac{13}{2} \quad \Rightarrow \quad n(O_2) = n(C_4H_{10}) \cdot \frac{13}{2} = \frac{1}{480}\ \text{mol} \cdot \frac{13}{2} = \frac{13}{960}\ \text{mol}$$

$$V_m(O_2) = 24\ \frac{\text{L}}{\text{mol}}$$

$$V = V_m \cdot n = 24\ \frac{\text{L}}{\text{mol}} \cdot \frac{13}{960}\ \text{mol} = \frac{13}{40}\ \text{L} \approx 0{,}325\ \text{L}$$

Es werden 0,325 L Sauerstoff verbrannt.

26 Reaktionsgleichung: $CH_3CH_2OH + 3\ O_2 \longrightarrow 2\ CO_2 + 3\ H_2O$

Gegeben für Ethanol: $m = 100\ \text{g},\ M = 46\ \frac{\text{g}}{\text{mol}}$

$$n = \frac{m}{M} = \frac{100\ \text{g}}{46\ \frac{\text{g}}{\text{mol}}} = \frac{50}{23}\ \text{mol}$$

Stoffmengenverhältnis Ethanol : Kohlenstoffdioxid

$$\frac{n(CH_3CH_2OH)}{n(CO_2)} = \frac{1}{2} \quad \Rightarrow \quad n(CO_2) = n(CH_3CH_2OH) \cdot 2 = \frac{50}{23}\ \text{mol} \cdot 2 = \frac{100}{23}\ \text{mol}$$

$$V_m(CO_2) = 24\ \frac{\text{L}}{\text{mol}}$$

$$V = V_m \cdot n = 24\ \frac{\text{L}}{\text{mol}} \cdot \frac{100}{23}\ \text{mol} = \frac{2400}{23\ \text{L}} \approx 104{,}35\ \text{L}$$

Es entstehen 104,35 L CO_2.

Besser werden mit dem täglichen 10-Minuten-Training!

- Kleine Lernportionen: In 10 Minuten das Wichtigste draufhaben
- Mit vielen Übungen zu einem Schlüsselthema
- Leichte und schwere Übungen für mehr Lernerfolg

Deutsch

Texte lesen und verstehen
5. Klasse
ISBN 978-3-12-927652-5

Diktate
5./6. Klasse
ISBN 978-3-12-927386-9

Groß- und Kleinschreibung
5./6. Klasse
ISBN 978-3-12-927516-0

Texte schreiben
5./6. Klasse
ISBN 978-3-12-927388-3

Wortarten
5./6. Klasse
ISBN 978-3-12-927517-7

Haupt- und Nebensätze
5.–7. Klasse
ISBN 978-3-12-927263-3

Satzglieder bestimmen
5.–7. Klasse
ISBN 978-3-12-927592-4

Zeichensetzung
5.–7. Klasse
ISBN 978-3-12-927566-5

Zeiten
5.–7. Klasse
ISBN 978-3-12-927574-0

Inhaltsangabe
6.–8. Klasse
ISBN 978-3-12-927299-2

Texte lesen und verstehen
6. Klasse
ISBN 978-3-12-927658-7

Diktate
7./8. Klasse
ISBN 978-3-12-927565-8

Gedichte untersuchen
7./8. Klasse
ISBN 978-3-12-927561-0

Englisch

Lese- und Hörverstehen
5. Klasse
ISBN 978-3-12-927638-9

Simple Present und Present Progressive
5. Klasse
ISBN 978-3-12-927625-9

Erste englische Texte schreiben
5./6. Klasse
ISBN 978-3-12-927518-4

Lese- und Hörverstehen
6. Klasse
ISBN 978-3-12-927506-1

Relative Clauses
6./7. Klasse
ISBN 978-3-12-927505-4

Simple Past und Present Perfect
6./7. Klasse
ISBN 978-3-12-927392-0

If-Clauses
6.–8. Klasse
ISBN 978-3-12-927634-1

Direct Speech - Indirect Speech
7./8. Klasse
ISBN 978-3-12-927519-1

Französisch

Passé composé und Imparfait
1./2. Lernjahr
ISBN 978-3-12-927546-7

Mathematik

Grundrechenarten
5. Klasse
ISBN 978-3-12-927394-4

Kopfrechnen
5. Klasse
ISBN 978-3-12-927595-5

Textaufgaben
5. Klasse
ISBN 978-3-12-927573-3

Flächen- und Körperberechnungen
5./6. Klasse
ISBN 978-3-12-927507-8

Rechnen mit Brüchen
5./6. Klasse
ISBN 978-3-12-927395-1

Dezimalbrüche
6. Klasse
ISBN 978-3-12-927584-9

Textaufgaben
6. Klasse
ISBN 978-3-12-927557-3

Dreisatz
6./7. Klasse
ISBN 978-3-12-927583-2

Prozente und Zinsen
6.–8. Klasse
ISBN 978-3-12-927396-8

Gleichungen lösen
7.–10. Klasse
ISBN 978-3-12-927618-1

Rechnen mit Termen
7./8. Klasse
ISBN 978-3-12-927528-3

Lineare Gleichungssysteme
8.–10. Klasse
ISBN 978-3-12-927549-8

Chemie

Rechnen in Chemie
7.–10. Klasse
ISBN 978-3-12-927593-1

Latein

Verben konjugieren
1./2. Lernjahr
ISBN 978-3-12-927659-4

Diese und weitere Lernhilfen sind im Buchhandel erhältlich.
Weitere Informationen unter **www.klett-lerntraining.de**